U0158739

资助项目

福建省2011协同创新中心-中国乌龙茶产业协同创新中心专项

（闽教科〔2015〕75号）

福建省科技创新平台建设项目：大武夷茶产业技术研究院建设

（2018N2004）

南平市科技计划项目(N2017Y01)

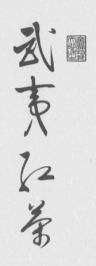

张 渤 卢 莉 ◎主编

復旦大學出版社

编委会

主 编　张　渤　卢　莉

参 编　洪永聪　程　曦　郑慕蓉　叶国盛

　　　　林燕萍　王　芳　潘一斌

序

　　碧水丹山之境的武夷山，是世界文化与自然遗产地，是国家公园体制试点区，产茶历史悠久，茶文化底蕴深厚。南北朝时即有"珍木灵芽"之记载，唐代有腊面贡茶，时人即有"晚甘侯"之誉。宋朝之北苑贡茶时期，武夷茶制作技术、文化、风俗盛极一时，茶文化与诗文化、禅文化充分渗透交融，斗茶之风更千古流传。站在元代御茶园的遗迹上，喊山台传来的"茶发芽"之声依稀犹在。明清时的武夷茶人不仅克绍箕裘，更发扬光大，创制出红茶与乌龙茶新品种，至今大红袍、正山小种等誉美天下。"臻山川精英秀气所钟，品具岩骨花香之胜。"梁章钜、汪士慎、袁枚等为武夷茶所折服，留下美妙的感悟。武夷山又是近代茶叶科学研究的重镇，民国时期即设立有福建示范茶厂、中国茶叶研究所。吴觉农、陈椽、庄晚芳、林馥泉、张天福等近代茶学大家均在此驻留，为中国茶叶科学研究做出不凡的成绩。

　　历史上，"武夷茶"曾是中国茶的代名词，武夷山是万里茶道的起点，武夷茶通过海路与陆路源源不断地输往海外，这一刻度，就是200年。域外通过武夷茶认识了中国，认识了福建，掀起了饮茶风潮，甚至改变了自己国家的生活方式，更不惜赞美之词。英国文学家杰罗姆·K.杰罗姆说："享受一杯茶之后，它就会对大脑说：'起来吧，该你一显身手了。你需口若悬河、思维缜密、明察秋毫；你需目光敏锐，洞察天地和人生：舒展白色的思维羽翼，如精灵般地翱翔于纷乱的世间之上，穿过长长的明亮的星光小径，直抵那永恒之门。'"

　　武夷茶路不仅是一条茶叶贸易之路，更是一条文化交流之路。一杯热茶面前，不同肤色、不同种族、不同语言的人有了共同的话题。一条茶路，见证了大半个中国从封闭落后走向自强开放的历史历程，见证了中华民族在传统农业文明与近代工业文明之间的挣扎与转变。如今，虽说当年运茶的古渡早已失去踪迹，荒草侵蚀了古道，流沙淹没了时光，但前辈茶人不惧山高沟深、荒漠阻隔、盗匪出没，向生命极限发出的挑战勇气与信念，是当今茶人最该汲取的商业精神。

时光翻开了新的一页。2015 年 10 月，习近平主席在白金汉宫的欢迎晚宴上致辞时以茶为例，谈中英文明交流互鉴："中国的茶叶为英国人的生活增添了诸多雅趣，英国人别具匠心地将其调制成英式红茶。中英文明交流互鉴不仅丰富了各自文明成果、促进了社会进步，也为人类社会发展作出了卓越贡献。"

如今，在"一带一路"倡议与生态文明建设的背景下，武夷茶又迎来了新的发展时代。"绿水青山就是金山银山"已然是中国发展的重要理念。茶产业是典型的美丽产业、健康产业，是"绿水青山就是金山银山"的最好注脚。我们不断丰富发展经济和保护生态之间的辩证关系，在实践中将"绿水青山就是金山银山"化为生动的现实。武夷山当地政府、高校、企业与茶人们为此做了不懈的努力，在茶园管理、茶树品种选育、制茶技艺传承与创新、茶叶品牌构建等方面不断探索，取得了辉煌的成就，让更多的武夷茶走进千家万户，走向市场、飘香世界。武夷茶也越来越受到人们的喜爱。外地游客来武夷山游山玩水之余，更愿意坐下来品一杯茶，氤氲在茶香之中。

由武夷学院茶与食品学院院长张渤牵头，中国乌龙茶产业协同创新中心中国乌龙茶"一带一路"文化构建与传播研究课题组编写了"武夷研茶"系列丛书——《武夷茶路》《武夷茶种》《武夷岩茶》《武夷红茶》。丛书自成一个完整的体系，不论是论述茶叶种质资源，还是阐述茶叶类别，皆文字严谨而不失生动，图文并茂。丛书不仅有助于武夷茶的科学普及，而且具有很强的实操性。编写团队依托武夷学院研究基础与力量，不仅做了细致的文献考究，还广泛深入田野、企业进行调研，力求为读者呈现出武夷茶的历史、发展与新貌。

"武夷研茶"丛书的出版为武夷茶的传播与发展提供了新的视野与诠释，是了解与研究武夷茶的全新力作。丛书兼顾科普与教学、理论与实践，既可以作为广大爱好者学习武夷茶的读本，也可以作为高职院校的研读教材。相信"武夷研茶"丛书能得到读者的认可与喜欢！

谨此为序。

杨江帆

2020 年 3 月于福州

目 录

第一章　武夷红茶概述

武夷红茶以正山小种为代表,名闻天下。正山小种出现的时期约在明朝晚期的1567—1610年。清代刘靖于《片刻余闲集》中写道:"山之第九曲尽处有星村镇,为行家萃聚所。外有本省邵武、江西广信等处所产之茶,黑色红汤,土名江西乌,皆私售于星村各行。"此为武夷红茶之源。黑色红汤为其感官特征,这是源于它不同于炒青绿茶的制法。1610年,小种红茶首次出口荷兰,随后相继运销英国、法国和德国等国家。红茶刚发明时,在其起源地武夷山市星村镇桐木村庙湾,当地人因其外形乌黑油润,即以地方口音称之为乌茶(音读Wuda,意即黑色的茶)。至今,与庙湾相邻的光泽县司前乡干坑一带仍称红茶为乌茶。在随后出口时,这一名称很快由乌茶演变为小种红茶,由于仿制的"江西乌"与正宗的"乌茶"在品质上还是有区别的,于是就有了"正山"和"外山"之说。产于福建崇安县星村镇桐木村的称"正山小种",所谓的"正山小种"红茶之"正山"表明的正是"真正高山地区所产"之意。正山所涵盖的地区,以庙湾、江墩为中心,方圆约600 km²,该地区大部分在如今的福建武夷山国家级自然保护区内。"外山小种"指政和、坦洋、屏南、古田、沙县及江西铅山等地所产的仿制正山小种的红茶,品质较差,统称"外山小种"或"人工小种"。小种红茶主产在福建崇安县星村镇桐木村一带,故被称为桐木正山小种红茶。由于过去是在星村加工出口,故也被称为星村小种红茶。桐木的风景和茶园如图1-1和图1-2所示。

关于小种红茶起源的传说,有两种说法。一种说法是,据传明末清初时局动乱,某年适逢采茶季节,有一支军队路过庙湾时驻扎在茶厂,士兵们睡在茶青上,待制的茶叶无法及时加工,致使茶青发酵变红。军队开拔后,厂主看着发红的茶叶心急如焚,为挽回损失,只好找来制茶师用锅炒并用当地盛产的马尾松柴块烘干,烘干的茶叶呈乌黑油润状,并形成特有的一股香味,因为当地人一直习惯绿茶不愿饮用这另类茶,所以烘好的茶便被挑到距庙湾45 km外的星村茶市草草贱卖。没想到第二年有人给2～3倍的价钱订购此茶,这款茶竟引起外商的兴趣,赢得了许多人的喜爱。于是外商年年订购,

图 1-1 桐木自然风景

从此小种红茶风靡一时。

　　另一种说法是，小种红茶工艺是新中国成立前崇安县（现武夷山市）星村镇第二大茶行吕家行的后人衷湘云老太太的外公在光绪年间发明的。那时的茶行收购毛茶后在茶行进行拣剔、复焙、装箱出售。光绪年的一个冬天，吕家行在准备拣剔一袋茶（当时的毛茶都用棉布袋装）时发现茶霉变了，腐味非常重。不知道是下大雨时屋顶漏水滴湿了茶袋，还是在用船运回来的时候竹篷上的水滴入了茶袋内，导致这袋茶霉变了。那时收茶的价格都很高，把此茶丢了会是一笔不小的损失。怎么办呢？他们进行复焙处理，反复焙了五次，腐味减轻了很多，就是去不尽，但茶汤却更甘甜、饱满、顺滑。这茶卖是不能卖了，只好先放一边。当年的除夕，全家人一起吃团圆饭，在吃到熏鹅这道菜时，衷湘云老太太的外公来了灵感：鹅经过烟熏后去掉了膻味而特别香，是不是把那袋茶也熏熏，就能把最后的一点腐味去掉呢？于是他从灶口前拿三根起火用的松明（松树多油脂的部分）埋入焙窟烧红木炭中，盖

图1-2　桐木茶园

上炭灰，烟升起时把那袋有腐味的茶倒一些到焙笼里，架上去烘焙。经过一夜的文火慢焙，初一吃了早餐后，从焙笼里取茶一泡，惊喜出现了——腐味完全没了，有着的是浓郁而独特的松烟香，茶汤甘甜、厚实、顺滑。过了半年，福州茶行的买办来了，吕家行便将这泡香气独特、滋味醇厚的茶，交给买办试销。福州买办也绝顶聪明，一泡一喝，发现这茶品质独特，数量不多，他人没有，于是给来采购的洋人开了个高价。洋人拿回去后，发现这茶与牛奶冲泡香味独特，让奶茶的香气与口感都更好，便在英国大肆宣传高价出售，当年就要求福州买办大量采购。福州买办来到星村找吕家行高价求购。吕家行便把香气不好积压下来的茶，都用松明进行复焙后卖给福州买办，赚了一大笔真金白银。第二年，福州买办需求量更大，吕家行便把星村镇各个茶行积压的茶廉价收来，进行熏焙后高价出售。第三年，吕家行干脆把新收来的毛茶拣剔后直接进行熏焙，由于需求量大增，又从其他茶行收购拣剔好的新茶进行熏焙出售。就这三年让吕家行暴富成为星村第二大茶行。第四年，福州就有很多买办来星村收购烟小种。其他茶行此时也知道怎样制作烟小种，于是都开始自己制作销售，武夷红茶从此有了星村烟熏小种这一种类。最初的小种红茶是经过烟熏的。

小种红茶是我国特有的一种外销红茶，畅销国内外市场，它具有独特的制造工艺和品质特征。由于其产量有限，且历来主销欧洲市场，国内消费者对其所知较少，但它在欧洲荷兰、英国等国却有几百年的品饮历史，并演绎形成了丰富的红茶文化。正山小种在1610年由荷兰人传入英国后，由于英国皇室的提倡，饮红茶的风气由上而下逐渐在英国传播，并逐步演变成优雅的下午茶文化。随着18世纪英国在世界上的扩张，英国人把下午茶文化传到世界各地，使红茶成为世界第一大茶类，至今红茶仍占国际茶叶贸易量的80%。武夷山的小种红茶及其加工工艺和文化向世界其他国家和地区的传播，促进了世界红茶生产、贸易与消费的蓬勃发展。

根据国家质量监督检验检疫总局制定的《地理标志产品保护规定》，正山小种的原产地初步界定范围为东经117°27′—117°51′，北纬27°33′—27°54′，方圆50 km²，东至麻栗，西至挂墩，南至皮坑、古王坑，北至桐木关。产区四面群山环抱，山高谷深，气候严寒，年降水量达2 300 mm，相对湿度80%～85%，大气中的二氧化碳含量仅为0.026%。它具有气温低降水多、湿度大、雾日长等气候特点。雾日多达100天以上，春夏之间终日云雾缭绕，海拔1 200～1 500 m，冬暖夏凉，昼夜温差大，年均气温18℃，日照较短，霜期较长，土壤水分充足，肥沃疏松，有机物质含量高。茶树生长繁茂，茶芽粗纤维少，持嫩性高。这些优越的自然气候和地理环境为正山小种红茶创造了得天独厚的生态条件。正山小种红茶的原料主要为不同地域的武夷菜茶群体品种所制。正山小种茶园土壤主要由侏罗系兜岭群火山岩和燕山期花岗岩分化而来，保护区内山高林密，随着四季的变化，落叶、枯萎的植物植被成为正山小种天然的绿色肥料。因保护区境内冬季气候寒冷有积雪，冻土可达4 cm，所以，尽管茶树害虫天敌有70多种，正山小种茶园基本不施用任何的化学农药。大多数茶园只采春茶，只有少数桐木居民点会采少量的夏茶鲜叶。

昼夜温差大，白昼温度较高，有利于茶树光合作用的进行，可以合成较多的有机物质。夜晚气温较低，茶树呼吸作用较弱，可减少茶树营养物质的消耗，有利于茶叶有效化学成分的积累，为优质茶叶的生产奠定丰富的物质基础。高山的紫外线较强，有利于芳香物质的形成；保护区内森林密布，多雨，云雾缭绕，把太阳的直射光转变成漫射光，更有利于茶叶的光合作用，提高茶叶有机物质的积累。因此，产于该地的茶叶肉质肥厚，内含物质丰富、香气高。该地区土质肥沃，又习惯挖客土来加深土层，因此茶蓬繁茂，叶质肥厚嫩软。优越的生态环境、优异的茶树种质、独特的茶树栽培技术，孕育了武夷正山小种红茶的优质鲜叶原料。

第一节　武夷红茶的定义

武夷红茶（Bohea tea）是指在独特的武夷山自然生态环境下，选用适宜的茶树品种进行繁育和栽培，用独特的加工工艺制作而成，具有独特韵味、花果香味或桂圆干香味品质特征的红茶。

武夷红茶产品分为：正山小种、小种、烟小种、奇红（金骏眉等）。

武夷红茶地理标志产品保护范围限于国家质量监督检验检疫总局根据《地理标志产品保护规定》批准的范围，即福建省武夷山市所辖行政区域范围和武夷山国家级自然保护区范围，如图1-3所示。

武夷山地理特征：武夷山地处福建省北部、武夷山脉南麓，北纬27°27′—28°04′，东经117°37′—118°19′，属中亚热带地区。地貌属于山地丘陵区，东、西、北部群山环抱，峰峦连绵，中南部较低而平坦，最高处海拔2 158 m，最低处海拔165 m。

武夷山气候特点：年平均日照时数2 000 h，年平均温度18℃，无霜期长，年平均降水量2 000 mm，年平均相对湿度80%。

武夷山土壤：武夷山土壤属亚热带常绿阔叶林山地土壤，大部分茶区的土壤为火山砾石、红砂岩及页岩。土壤发育良好，土壤肥沃有机质含量高，

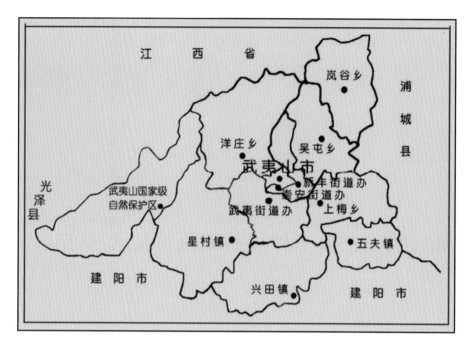

图 1-3　武夷红茶地理标志产品保护范围

pH 值为 4 ～ 6。

武夷山植被：植被繁茂，常见的植物群落如杉、苦槠、白楝、马尾松、芒萁骨、蕨类等。

第二节　正山小种及其品质特征

正山小种（Lapsang Souchong）是指产自武夷山桐木村及桐木村周边海拔600～1 200 m原产地域范围内，采用有性繁殖的武夷菜茶的芽叶，采用独特的加工工艺制作而成的红茶。

因其优越的生态环境，传统的加工工艺，正山小种具有独特的桂圆干香和松烟香。

武夷菜茶是武夷山土生土长的有性繁殖茶树的群体种，俗称"菜茶"。

有性系品种：采用种子繁衍后代的品种，个体间特征特性有差异（变异）。

正山小种感官品质特征：

正山小种应具有正常的色、香、味，不得含有非茶类物质和任何添加剂，无异味，无劣变。各级产品还应符合相应的感官品质，具体等级标准如表1-1和图1-4所示。

表 1-1　正山小种感官品质特征

项目		级别		
		特级	一级	二级
外形	条索	紧实	较紧实	尚紧实
	色泽	乌润	较乌润	尚乌润
	整碎	匀整	较匀整	尚匀整
	净度	净	较净	尚净
内质	香气	浓纯、松烟香显、桂圆干香明显	甜纯、松烟香较显、桂圆干香较显	纯正、松烟香尚显、桂圆干香尚显
	滋味	醇厚甜爽、高山韵显、桂圆汤味明	较醇厚、高山韵较显、桂圆汤味较明	纯正、桂圆汤味尚显
	汤色	橙红、明亮清澈	橙红较明亮	橙红欠亮
	叶底	匀齐、柔软、呈古铜色	较匀齐、古铜色稍暗	暗杂

产于武夷山保护区自然生态环境中的正山小种红茶，用特殊松柴熏制工艺焙制而成，形成了一种独特的桂圆干香和清爽的松烟香，其特殊的化学品质特征与其生长的生态环境密不可分。其含量最高的香气成分长叶烯并不源于茶叶本身，而是吸收了产于当地的黄山松和马尾松中的长叶烯成分，特别是经当地盛产的富含长叶烯的黄山松熏制，造就了正山小种红茶的松烟香。这是保护区外地势较低处因缺少黄山松柴片，而以马尾松柴片熏制的红茶香气较低的主要原因。

武夷山保护区的自然生态环境极适宜茶树的生长，产于该地的正山小种红茶叶质肥厚、内含物质丰富、香气高，并具有较丰富的矿物元素，源自茶叶本身的香气成分也高于保护区外的茶叶，而且在烟熏加工中，正山小种比保护区外茶叶能吸收更多的松木萜烯成分，构成正山小种红茶的主要香气成分。这些都与当地特定的生态环境有关。因此，无论是产于武夷山自然保护区外的茶叶用保护区内的松柴熏制还是产于保护区内的茶叶用保护区外的松柴熏制，其香气都不如产于保护区内的正山小种红茶。武夷山自然保护区独特的自然生态环境是造就武夷正山小种红茶优异品质的根本原因。

经过精心采摘制作的正宗桐木村正山小种红茶的品质是独一无二的。外形条索肥壮，紧结圆直，色泽乌润，干闻具有特殊的松烟香和桂圆干香。内质具有特殊的高山韵和桂圆干味，这种香味是在独特与优越的环境下形成的，

| 特级 | 一级 | 二级 |

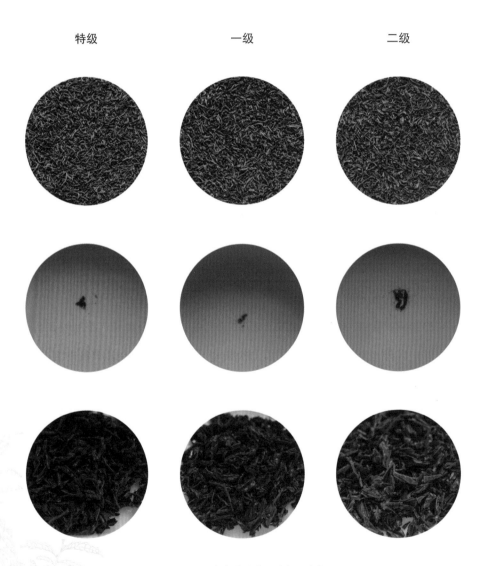

图 1-4　正山小种干茶、汤色、叶底

是别的任何一种红茶都不具有的香味。冲泡后汤色红艳，经久耐泡，四五泡后各种特征仍然明显。正山小种红茶的滋味醇厚，入口弥漫桂圆干香并带有蜜香，香气芬芳持久，尤其以浓纯的松烟香和桂圆干味、蜜枣味为其主要品质特征，滋味醇厚甘爽，让人久久回味，愉悦于心。

第三节　小种红茶及其品质特征

　　小种（Souchong）是指产自武夷山桐木村及桐木村周边海拔 600 ～ 1 200 m 原产地域范围以外、武夷山行政区域以内，采用独特的加工工艺制作而成的红茶。

　　现在我们所说的小种红茶，其含义不同于早时。如今的小种红茶，一般认为，产区有别于正山小种，是桐木以外、武夷山行政区域范围内所产；从品质特征来看，小种红茶无松烟香。桐木茶树品种以菜茶为主，而武夷山其他产区，茶树品种众多，用于加工小种红茶的品种也较多。因此，小种红茶产品因品种不同，其产品品质特征也丰富多变。部分茶树品种特征强的品种，其红茶产品往往也能明显辨别出其特有品种特征。品种之外，产区生态条件、栽培管理水平、采摘嫩度、加工工艺等因素综合决定了小种红茶品质。小种红茶品质特征如表 1-2 和图 1-5 所示。

表 1-2 小种感官品质特征

项目		级别		
		特级	一级	二级
外形	条索	紧实	较紧实	尚紧实
	色泽	乌润	乌尚润	尚乌润
	整碎	匀整	较匀整	尚匀整
	净度	净	较净	尚净
内质	香气	浓纯、甜香	甜纯	纯正
	滋味	甜醇	较甜醇	尚甜醇
	汤色	橙红、明亮	橙红尚亮	红欠亮
	叶底	红亮匀齐	较匀齐、尚红亮	红暗稍花杂

图 1-5 小种红茶干茶、汤色、叶底

第四节　烟小种及其品质特征

烟小种（Smoke Souchong）是指红茶的初制产品经松明熏焙后制作而成的红茶，又称"人工小种"。

烟正山小种红茶是正山小种红茶原料经过松明熏焙后，形成正山小种特有的一股浓纯的松明香和桂圆干香，2～3泡后具桂圆汤味，极具传统正山小种红茶的韵味。松明是指油脂含量特别高的马尾松柴。

然而，其他周边各县市仿小种制法所产的毛茶及工夫红茶，参照烟正山小种的熏焙工艺熏制而成具有松明香，经二三泡后无桂圆汤味，仅显工夫红茶味，这样的红茶被称为烟小种、外山小种或人工小种。

自2005年以后，由于武夷红茶外销锐减，以发展内销茶为主，烟小种产量极少。许多消费者喝到带有松烟香的武夷红茶，便以为是烟小种。殊不知，正山小种和小种红茶的传统加工工艺中，均有青楼萎凋及熏焙工序。因此，传统的正山小种和小种红茶，松烟香是其品质特征之一，而我们这里所说的烟小种，是经过松明再次熏焙的，其松烟香更为强烈、锐鼻。烟小种的感官品质特征如表1-3和图1-6所示。

表 1-3　烟小种感官品质特征

项目		级别		
		特级	一级	二级
外形	条索	紧结	较紧结	尚紧结
	色泽	乌黑油润	乌黑较油润	黑稍带花杂
	整碎	匀整	较匀整	尚匀整
	净度	净	较净	尚净带梗
内质	香气	松烟香浓	松烟香尚浓	平和略有松烟香
	滋味	浓醇	较醇和	尚醇和
	汤色	浓红较明亮	红欠亮	暗红
	叶底	匀齐、较红亮	较红亮稍有摊张	较粗老花杂

图 1-6　烟小种干茶、汤色、叶底

第五节　奇红及其品质特征

奇红（Special red）是指武夷山行政区域以内，采用适宜的茶树品种的芽叶，用创新工艺加工制作而成的金骏眉等系列红茶。

奇红包括金骏眉、银骏眉、铜骏眉等各类采摘标准为单芽到一芽二叶的幼嫩芽叶加工而成的高档红茶，其中奇红特级为单芽采制的金骏眉。

随着我国名优茶国内市场的蓬勃发展，红茶内销市场也逐渐旺盛。以金骏眉为代表的高端红茶深受消费者喜爱，高端红茶的热销促进了中国红茶内销量的不断增加，有力地弥补了红茶出口量的萎缩。

金骏眉创制于 2005 年，是在正山小种红茶传统工艺基础上，采用创新工艺研发的高端毫尖红茶。2007 年，茶叶专家对金骏眉的品质进行鉴定，感官审评意见为其外形条索紧细，隽茂，重实，茸毛密布；色泽金、黄、黑相间且色润；香气具复合型花果香、桂圆干香，高山韵香明显；滋味醇厚、甘甜爽滑，高山韵味持久，桂圆味浓厚；汤色金黄、清澈，有"金圈"；叶底呈金针状、匀整、隽拔，叶色呈古铜色。鉴定认为：金骏眉新产品创意新颖，原料生态，制工精湛，品质优异，研发是成功的，有发展前途。"金骏眉"以其悦目的外形、细腻悠长的花果型香气、醇厚甘爽的滋味，一面世就受到广大消费者的青睐。奇红的品质特征如表 1-4 和图 1-7 所示。

表 1-4 奇红感官品质特征

项目		级别		
		特级	一级	二级
外形	条索	单芽细嫩	较紧细、有锋苗	较紧实、稍有锋苗
	色泽	乌褐润	乌润	乌较润
	整碎	匀齐	匀齐	较匀整
	净度	净	净	较净
内质	香气	花果香、蜜香显	花果香较显	稍有花果香
	滋味	甜醇、甘滑、鲜爽	浓醇、甜爽	较浓醇
	汤色	橙黄、明亮清澈	橙黄较明亮	橙红较明亮
	叶底	嫩红、匀亮	较匀嫩、红较亮	较匀齐、尚红亮

图 1-7 金骏眉、银骏眉、铜骏眉干茶、汤色、叶底

冷 后 浑

红茶茶汤冷却后常有乳状物析出，使茶汤呈黄浆色浑浊，被称为红茶的冷后浑现象，如图1-8所示。冷后浑与红茶茶汤的鲜爽度和浓强度有关，是红茶品质优异特征之一。一般冷后浑较快，黄浆状明显，乳状物颜色较鲜明，汤质较好。其形成原因是茶多酚及其氧化产物茶黄素、茶红素跟化学性质比较稳定而微带苦味的咖啡碱（咖啡因）形成缔合物。当在高温（接近100℃）时，各自呈游离状态，溶于热水，但随着温度降低，它们通过氢键缔合形成缔合物。随着缔合反应的不断加大，其粒径达 $10^{-7} \sim 10^{-6}$ cm，茶汤由清转浑，表现出胶体特性，粒径继续增大，便会产生凝聚作用，出现冷后浑现象。红茶中只要含1.25%的咖啡碱（咖啡因）就可使红茶茶汤出现冷后浑的特点。品质差的红茶茶汤缺乏冷后浑现象，主要是茶黄素含量太低的缘故。

图1-8　冷后浑

第二章　武夷红茶的制作工艺

第一节 正山小种、小种红茶的制作工艺

一、正山小种、小种红茶的初制工艺

正山小种、小种红茶的初制工艺流程：

采摘→萎凋→揉捻→发酵→（过红锅→复揉）→熏焙→复火→毛茶。

（一）采摘

由于桐木山高水冷气温低，一般四月中旬至五月下旬采春茶，且桐木只采春茶。采摘标准为一芽二、三叶或小开面三、四叶。由于是高山茶，昼夜温差大，有利于茶叶有效成分的积累，碳代谢速度减缓，纤维素不易形成，芽叶持嫩性好。

1. 采摘原料

武夷红茶加工原料主要从当地丰富的茶树种质资源中选择，包括武夷菜茶、各种名丛，以及外地引进良种等。在武夷茶区主栽的适制红茶品种为武夷菜茶（见图2-1）、梅占、福云6号、黄观音、金观音、八仙和奇兰等。

图 2-1　武夷菜茶

茶树品种的适制性与茶叶品质密切相关，卢莉等进行的武夷名丛红茶适制性研究发现，适制乌龙茶的名丛中蕴藏着一些适制红茶的名丛，其制成的红茶品质优异。如采用武夷名丛中的鬼洞白鸡冠加工成红茶，品质优异；金锁匙、金凤凰、白毛猴、雀舌等 4 个武夷名丛亦适制红茶。此外，通过对乌龙茶品种的茶类适制性研究，还发现矮脚乌龙制红茶品质优秀。

2. 采摘标准

正山小种、小种：采一芽二、三叶或小开面三、四叶（见图 2-2）。

开采期：春季新梢达 10% ～ 25%，夏、秋季新梢达 10% 采摘标准时开采。

每批采下的茶青，嫩度、匀度、净度、新鲜度应基本一致。

图 2-2　标准采摘：小开面三、四叶

3. 茶青质量分级

正山小种、小种茶青质量分级指标应符合表 2-1 中对正山小种、小种茶青质量的要求。

表 2-1　正山小种、小种茶青质量

等级	质量要求
一级	一芽二叶
二级	一芽三叶
三级	一芽四叶

奇红茶青质量分级指标也应符合表 2-1 的要求。

图 2-3　桐木茶园采茶

4. 茶青的运输、贮存

茶青应用清洁卫生、透气良好的篮篓盛装,不得紧压。运输时应避免日晒雨淋,不得与有污染有异味物质混装。

茶青采摘后 4 h 内送到茶厂,不能及时送到茶厂的茶青应注意保鲜,合理贮存。

茶青盛装、运输、贮存中应轻拿、轻放。

(二)萎凋

萎凋主要有室内加温萎凋和日光萎凋两种,极少采用室内自然萎凋。小种红茶产区桐木关村一带,春茶期间多阴雨,晴天少,以室内加温萎凋为主,日光萎凋为辅。目前,桐木正山小种的萎凋仍采用"青楼"萎凋(见图 2-4),而小种红茶的萎凋则主要采用萎凋槽萎凋。

1. 室内加温萎凋

室内加温萎凋包括"青楼"萎凋和萎凋槽萎凋。

(1)"青楼"萎凋

室内加温萎凋俗称焙青,在"青楼"内进行。"青楼"分上、下两层,不设楼板,中间用横档(木条)隔开,横档每隔 3 ~ 4 cm 一条,上铺放青席,供摊叶用。搁木(大梁)下 30 cm 处设焙架,供熏焙干燥时放置水筛用。

加温时室内门窗关闭,在楼下地面上直接燃烧松柴。为使室温均匀,火堆采用"T"字形、"川"字形或"二"字形排列。每隔 1 ~ 1.5 m 一堆,有用单块松柴片平放,也有用两块松柴架高,点燃后使其慢慢燃烧,温度均匀上升。待焙青室室温升至 28 ~ 30℃时,把鲜叶均匀抖散在青席上,厚度为 10 cm 左右。每 10 ~ 20 min 翻拌一次,使萎凋均匀。翻拌时动作要轻,以免碰伤叶面。雨水叶要抖散,并严格控制室温,防止因温度过高而烫伤叶片。

图 2-4 "青楼"

室内加温萎凋的优点是不受气候条件影响，萎凋时鲜叶能直接吸收烟味，使毛茶烟量充足、滋味鲜爽活泼。这种加温萎凋方法劳动强度大，操作比较困难。原始古老、危险又损害操作者健康的楼内明火萎凋早在 20 世纪 60 年代就被淘汰了，后采用改进的加温方法：在楼外墙脚下砌一个简易灶，底层烟道与室外的柴灶相连，在灶坑里烧松柴，热烟由焙房地下的两条斜坡坑道导入，坑道上盖有青砖，可以任意启闭，可调节焙房室内的温度和烟量，利用余热使置于"青楼"2 层、3 层的茶青加温萎凋。这种萎凋方法安全，火灾风险低，较老式萎凋省柴火 30% ～ 40%，减轻劳动强度，不危害操作工的健康，萎凋茶叶程度更加均匀。整个萎凋过程要翻动两三次，历时 4 h 左右。

萎凋适度的茶叶符合以下标准：鲜叶失去原有光泽、叶色转暗绿，叶质柔软，执叶柄芽叶下垂、不易折断，手捏成团、不易散开，青气减退，散发清香。

（2）萎凋槽萎凋

萎凋槽（见图 2-5）是人工控制的半机械化加温萎凋设备，具有造价低廉、操作方便、节省劳力、提高功效、降低制茶成本等优点。

萎凋槽萎凋要掌控好温度、风量、摊叶厚度、翻抖、萎凋时间等技术参数。

温度：雨水青、露水青等带表面水较多的茶青，应注意先鼓冷风，待表面水吹干后再鼓热风。风温不宜超过 35℃，可根据气温、空气湿度、茶青状态等调节风温。

风量：感官上以槽面叶子微微颤动，但不出现空洞为宜。

摊叶厚度：一般为 12 ～ 20 cm。摊叶过厚，上下层水分蒸发不匀；摊叶过薄，叶子易被吹成空洞，设备利用率不高，萎凋不匀，影响制茶品质。具体摊叶厚度应综合考虑鼓风机型号、季节、天气、茶青质量等进行调整。

在萎凋过程中进行翻抖，可使萎凋加速并达到均匀一致。

萎凋时间与鲜叶质量、风温、摊叶厚度、翻抖次数、天气等因素密切相关，需根据具体情况灵活掌握。

图 2-5　萎凋槽

2. 日光萎凋

日光萎凋（见图 2-6）是在室外利用向阳位置搭起青架，架上铺设竹席，竹席上再铺青席，供晒青用。这种青架清洁卫生，上下空气流通，有利于进行萎凋。萎凋时将鲜叶抖散在青席上，摊叶厚度为 3 ～ 4 cm，每隔 30 min 翻拌一次，至叶面萎软、失去光泽，梗折不断，青气减退、略有清香，即为适度。

日光萎凋时间长短，依阳光强弱、鲜叶含水量高低而定，一般需 1 ～ 2 h。在日光较强的条件下，30 ～ 40 min 即可完成萎凋，阳光微弱时则需 3 h 以上。

肥壮芽叶或老嫩不匀的鲜叶，萎凋程度难以一致，可采用日光萎凋和室内自然萎凋交替进行。

日光萎凋的主要缺点是受气候条件影响较大，同时鲜叶不能直接吸收松烟，毛茶吸烟量不足，滋味不够鲜爽。

日光萎凋或加温萎凋都要进行一道凉青的工序以散发热气，使梗叶含水量趋于平衡，有利于下一道工序——揉捻。

图 2-6 日光萎凋

（三）揉捻

小种红茶揉捻先后经历了手工揉捻、铁木结构双桶水力揉茶机揉捻和揉捻机揉捻三个发展阶段。

茶青适度萎凋后即可进行揉捻。

手工揉捻（见图 2-7）是一场辛苦的劳作，细嫩上好的茶青经制茶师傅的双手在木制的揉捻槽中揉捻，使芽叶由自然舒展变成条索状。手工揉捻不仅制茶师傅辛苦，而且生产效率低，难以满足大批量生产需求。

新中国成立后，在党的关心扶植下，初制工具有了很大的改革，用铁木结构双桶水力揉茶机制茶代替了过去笨重的铁锅脚揉茶，免去了繁重的体力劳动。将萎凋好的青叶装桶揉捻，一般每桶装叶 10 ～ 12 kg，在揉捻时必须做到勤解块、勤扫桶外茶，使条索紧结圆直，减少黄片和碎末。揉捻过程中，要下桶进行解块筛分一次。时间一般掌握在 1.5 ～ 2 h，压力应掌握轻、重、轻，转速要求每分钟 50 转为宜，揉至茶汁流出、叶卷成条即可。

揉捻质量首先取决于叶子的物理性能，包括柔软性、韧性、可塑性、黏性等。当萎凋叶含水量降至 50% 左右时，叶子的物理性能最好。由于萎凋期间叶子失水过程是不均匀的，梗的含水量较叶子多，叶尖、叶缘含水量较叶子基部少，因此，在实际生产中，对萎凋叶含水量标准的掌握比 50% 要高，一般以 60% 左右为宜。

揉捻时的叶温与叶子的物理性能也有一定的相关性。叶温高，内含物质的分子结构松懈，叶子的柔软性、韧性和可塑性都增强。特别是老叶纤维素含量多，柔软性和可塑性较差，揉捻时叶温适度高些，对改善老叶的物理性能有明显作用。

除去萎凋叶自身因素外，出现揉不成条索的情况，多是因为揉速过快、加压过早，或没有松压；扁条一般是加压过早、压力过大造成的；弯条多是解块不匀或没有解块造成的；松条主要是加压过迟、压力过小，或揉捻时间不够造成的；碎茶多是加压过早、压力过大、揉速过快、时间过长等造成的。

如今，生产红茶的茶厂基本都采用揉捻机揉捻，如图 2-8 所示。揉捻机有不同型号。以 55 型揉捻机为例，每机装叶 30 kg，揉捻时间一般为 60 min，嫩叶为 40 min，老叶在 90 min 左右，中间停机解块一次，揉至茶条卷缩紧结，手捏茶坯有茶汁流出指间，捏成团不易松散，青草味有所散失，叶面破碎率在 80% 左右，即可下机解块，进行下一步发酵工序。

图 2-7　手工揉捻

图 2-8　揉捻机

第二章　武夷红茶的制作工艺

31

（四）发酵

发酵俗称"发红""沤红""转色"。发酵使揉捻叶经沤堆发热发红，是小种红茶创制时无意中产生的工序。红茶发酵的实质，是鲜叶细胞组织受到损伤，确切说，主要是半透性液泡膜受损伤，多酚类化合物得以与内源氧化酶类接触，引起多酚类化合物的酶促氧化聚合作用，形成茶黄素、茶红素等有色物质。与此同时，偶联发生一系列内含物质的化学反应，从而形成红茶特有的品质成分。红茶发酵既不是微生物发酵，也不是单纯的化学氧化，而是依赖于鲜叶内源酶的酶促氧化。

将揉捻叶装满大箩筐，厚 30～40 cm，如装叶较厚，中间插一根中有通孔的竹管或在发酵堆中挖一小孔，以便通气。上覆盖湿布，以保持湿度，为发酵转色提供良好的条件，如图 2-9 所示。春天气温较低时，可将箩筐置于焙青间内，以提高叶温，促进转色。中途松动一次，以利发酵均匀。发酵环节非常重要，发酵温度过低则茶叶不易发红，成品茶青气重。发酵温度过高，则茶叶滋味会酸而淡。发酵经 5～6 h，有 80% 以上叶色呈红褐色带暗绿，青气消失，有清香、果香溢出，即为适度。具体发酵时间要根据叶子老嫩、气温高低、不同品种、叶细胞损伤率高低等因素而定，主要以保持茶黄

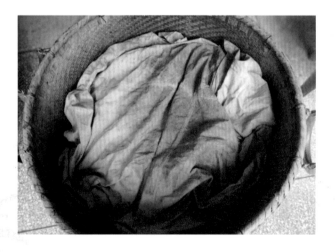

图 2-9　发酵

素、茶红素在较高水平，同时控制茶褐素不大量形成为目的。

发酵是武夷红茶加工的关键工序，不发酵就不能形成红茶的品质特征，发酵不正常，红茶就难以达到高品质。

（五）过红锅

过红锅是小种红茶传统制造中特殊而重要的工序，如图2-10所示。利用高温破坏酶的活性，停止发酵转色，保持一部分可溶性多酚类化合物不被氧化，使茶汤鲜浓、滋味甜醇、叶底红亮，同时散发青草气，增进茶香。目前，只有少数生产红茶的企业在正山小种加工过程中，保留过红锅和复揉这两道工序。武夷山大多数生产红茶的企业已经没有过红锅和复揉这两道工序。

过红锅的工具：铁锅、木叉刀、小竹扫。

过红锅方法：传统制法用平锅，待锅温达200℃时，投入转色叶1.5～2 kg，双手迅速翻炒，经2～3 min，使叶子受热，叶质柔软，即可起锅复揉。锅炒时间不宜过长，必须保留适当水分，防止复揉时叶条断碎。

过红锅技术性强。时间过长则失水过多容易产生焦叶，复揉容易断碎，条松散；时间过短则达不到提高香气、增添甜绵滋味的目的。每炒5～6锅需要磨锅、清除粘在锅内茶汁结成的茶垢以避免烧焦产生烟焦味。过红锅的茶叶色泽稍欠乌润、条索有所松散。内质香气高纯，带焦糖香，滋味甜绵、醇厚，汤色清澈明亮。

图2-10　过红锅

（六）复揉

过红锅后茶叶外形有所松散，为紧结茶条，下锅的茶叶即趁热复揉，置于揉捻机复揉 10 min（轻压 2 min—重压 6 min—轻压 2 min）待茶条紧结即可。复揉后，下机解块并及时干燥。若放置太久，会转色过度，影响品质。

（七）熏焙

熏焙对形成小种红茶的品质特征十分重要，它既可使湿坯干燥至适度，又在干燥过程中吸收大量松烟香味，使毛茶具有浓厚而纯正的松烟香气和类似桂圆汤的甜爽、活泼的滋味。

传统的熏焙方法是将复揉叶薄摊于筛孔为 0.4 cm×0.8 cm 的水筛上，每筛摊叶 2～2.5 kg，置于"青楼"下层的焙架上，呈斜形鱼鳞状排列，或把发酵叶直接摊放 2 楼、3 楼竹席上进行烘焙。让热烟均匀穿透叶层，地面燃烧松柴片，明火熏焙。焙至八成干时，将火苗压小，降低温度，增大烟量，使湿坯大量吸收松烟香味。熏焙时不要翻拌，一次熏干，以免条索松散。熏焙一批需 8～12 h。茶坯在干燥的过程中不断吸附松香，使红茶带有独特的松烟香。

传统熏焙法劳动强度大，生产不安全，容易引起火灾。目前多改用烟道熏焙，如图 2-11 至图 2-17 所示。在"青楼"外选择地势较低处，挖设简易柴灶，灶口迎风。灶口宽 30 cm，高 40 cm，呈拱形。灶深 2 m，灶膛内离灶口 70 cm 处开始向后上方倾斜，直达烟道口。烟道口设在焙间内，分出两条烟道，将焙间隔成三等份，以使热烟在焙间内分布均匀。烟道前段深 30 cm，尾部深 15 cm，使焙间温度前后一致。烟道用砖砌成，上面用活动砖块盖住，熏焙时可根据需烟量大小和温度高低灵活掌握砖块开启的数量。砖块开启越多，温度越高，烟量越大。熏焙时将焙间门窗密闭，每批熏焙 12 h 以上。焙楼分上下两层，全供熏焙用。上层因湿度较大，熏焙时间需较长。

墙外灶烧松柴，掀起几块内坑道砖块，让烟雾和热气进入室内干燥。开

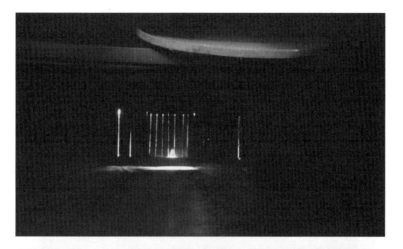

图 2-11 "青楼"内部

图 2-12　竹匾

图 2-13　竹篾、焙笼

图 2-14　灶口

图 2-15　灶口　　　　　　　　　　　　图 2-16　松柴

图 2-17 上焙

始火力要大，保持 80℃ 左右，经 2～3 h，手摸茶叶有刺手感觉。此时，梗和脉尚有少许水分，温度降低至 30～40℃ 并加松柴闷燃产生更多烟雾，让其吸收烟味，干燥至足干，历时 7～8 h。下筛后及时进入密闭的仓库待毛筛毛拣。

（八）复火

毛茶出售前需进行复火。经初筛初拣整理的茶叶堆放在 2 楼，烧火加温加烟味，进一步去掉水分，吸收更多烟味。高级茶与低级茶分别复火。在焙楼上将毛茶堆成大堆，低温长熏，使毛茶含水量不超过 8%，在干燥的同时吸足烟量，以提高毛茶品质。

装入有薄膜内袋的编织袋出售，或直接装入茶袋运给厂家（因为产区多雨水、云雾多、湿度大，茶叶极易返潮）。

初制工艺完成。

二、正山小种、小种红茶的精制工艺

正山小种、小种红茶精制工艺流程：

毛茶大堆→筛分→风选→拣剔→松柴熏焙→匀堆→装箱→成品。

小种红茶毛茶外形、内质不一致，通过精制加工工艺对毛茶进行一系列机械和手工处理，整理外形，分别等级，剔除劣异，提高香气，减少水分，缩小体积，使其便于贮存，并使产品符合商品茶规格要求。

（一）毛茶大堆

正山小种红茶原料处理采取多级付制、多级收回的方法。原料拼和选用方面，在毛茶进厂验收定级基础上结合产地、季节、外形、内质，参考往年拼配标准，制定拼和比例，以使产品符合成品茶要求，又能最大限度发挥原料效益的原则，交付车间按比例出仓匀堆筛选。

（二）筛分

通过筛分过程整理外形，去掉梗片，最大限度提取符合同级外形的条索、净度的茶叶，如图 2-18 所示。

精制程序应根据分路取料，即把未经破坏切断及轻度破坏的筛出的本路茶（亦称本身路）和已经多次切断的圆身茶（圆身路），以及经过风扇选出的轻身茶（轻身路）分别处理，机械处理方面要尽量多采用捞、抖、扇，少滚、切，以减少茶叶断碎，提高正茶率。

小种红茶筛分方法有：平圆、抖筛、切断、捞筛、飘筛、风选。

小种红茶加工筛路分为本身、圆身、轻身、碎茶、片茶等 5 路。

本身路：毛茶通过平圆筛（滚筒），筛面 2.5 孔、3.1 孔的头子交圆身路处理，其余各孔茶交风选、拣剔、紧门为本身路。风选的二口轻身做轻身茶。

圆身路：毛茶平圆筛的 2.5 孔、3.1 孔茶叶经走水焙切断过抖筛（圆筛）、抖筛面反复切、抖，再经圆筛、风选拣剔为圆身路茶。

图 2-18　筛分

轻身路：本身路、圆身路风选的二口茶走水焙后，经抖筛（头子茶反复切抖）—圆筛—风选拣剔为轻身路。

碎茶路：由各路12孔以下的茶，以圆筛、风选一口为碎茶、二口以下取片茶、末茶。

片茶路：提取轻身茶后的轻质茶经破碎、筛分、风选处理为片茶或末茶。

在制各路茶叶、正茶均要求大小一致、长短一般、轻重一样，梗片最大限度提取干净，给机拣、手拣提高工效打下基础。

抖筛是小种红茶直接取料重要作业，要求紧门时抽净粗梗、粗茶。操作要轻敲少刮，保持筛面畅通，减少碎断以提高正茶率，最大限度发挥原料价值。正山小种红茶筛网的规定如表2-2、表2-3和图2-19所示。

表 2-2　正山小种红茶紧门筛筛网规定

级别	一级小种	二级小种	三级小种	四级小种
筛孔	7.5	7	6.5（小）	6.5

表 2-3　正山小种红茶捞筛筛网规定

级别	一级小种	二级小种	三级小种	四级小种
筛孔	3.1（双过）	3.1	3.1	2.5

图 2-19　不同型号筛

（三）风选

大多使用风选机。

（四）拣剔

正山小种在制品经过风选后，尚夹带梗、片及非茶类物质，需经拣剔，拣净梗、片、红条与非茶类夹杂物等，使其外形整齐、美观、符合同级净度要求。拣剔有机拣和手拣两种。一般先通过机械拣剔处理，尽量减轻手工的压力，再手工拣剔，才能保证外形净度色泽要求，做到茶叶安全卫生，不含非茶类夹杂物，保证品质安全卫生。

（五）松柴熏焙

正山小种毛茶经过筛分、拣剔各路各筛孔的茶拼成各路茶，需经烘焙使松烟香更浓，这是小种红茶松烟香更加突出的关键环节。

正山小种初制过程就以七八成干的松柴燃烧加热萎凋，从萎凋开始就吸收烟味。初干的毛茶本身就具有一定的松烟香，成品茶要求更加浓纯持久的松烟香，所以在最后干燥烘焙过程中要增加松柴闷燃产生大量烟气，让茶叶在干燥过程中充分吸附。

（六）匀堆装箱

筛制、拣剔后各路茶叶经加烟足干的半成品，按一定比例拼配小样、检测含水量，对照标准审评做调整，使其外形、内质符合本级标准，再按小样比例进行匀堆，堆口鉴定各项因子符合要求后，装箱成品即完成正山小种精制整个过程。

第二节　烟正山小种的制作工艺

一、烟正山小种红茶的制作工艺流程

正山小种红茶的初制产品→筛分→风选→拣剔→松明熏焙→匀堆→装箱→成品。

二、烟正山小种的加工

烟正山小种由正山小种红茶经过特殊的烟熏加工而成。松明熏焙的焙窟如图 2-20 所示。其特殊的烟熏工艺采用焙笼烘焙方法，目前尚无法机械化。松明为松木分叉部位，去掉树皮和外层木质部。松木老死在山上的木质腐烂留下松木疙瘩为上品。这样的松明富含树脂，能产生高质量的烟。先将木炭燃烧红透后打实、盖上熟炭灰，把削平的松明贴在烧透的炭火上，使其产生大量缕缕白烟，温度掌握在 110 ～ 120℃。茶叶喷上水后铺在焙笼上，放在焙窟窑上，让茶叶边干燥边吸收松香烟味，使其品质达到茶干烟足的要求。待烘焙的茶叶含水量控制在 15% 左右为宜，上焙前 1 h 要均匀喷洒水使其吸水返潮，以吸附更多烟味，一般每 50 kg 本身路茶要喷洒 3 kg 左右的水，圆身路茶、轻身路茶喷洒 4 kg 左右水。上焙茶叶若含水量太低则不易吸收烟味，

图 2-20　松明熏焙的焙窑

焙到烟足茶叶已硬化；若含水量太高则焙烘时间延长，条索松散，色泽灰暗。焙烘过程中发现松明中松油焖烧将尽要更换松明，否则木质燃烟，其烟味不纯正、刺鼻，影响茶叶品质。松明的挥发性成分和热解产物上升到茶叶中被茶叶吸收。在烟熏过程中没有明火，因为不往坑中通空气，松明是被加热而不是燃烧。

焙笼摊放厚度要均匀，以 15 mm 左右为宜，每笼烘干时要翻动 3～4 次，间隔时间先长后短，每隔 40 min、30 min、20 min 翻动一次。烘焙适度的茶叶水分应掌握在 5% 左右，带有浓纯的松烟香、外形条索乌黑油润。

烟正山小种除了松明熏焙这一特殊工序外，其他工序与正山小种、小种红茶制作工艺基本一致，故不再赘述其他工序。

第三节　奇红的制作工艺

鲜叶原料要求新鲜，采摘、运输过程要防止挤压，避免造成原料的损伤、发热、发红，影响成品茶品质。

一、奇红的初制工艺

奇红的初制加工工艺流程：

采摘→萎凋→揉捻→发酵→烘焙。

（一）采摘

采摘标准为采单芽或一芽一叶、一芽二叶（见表2-4、图2-21）。单芽制金骏眉，一芽一叶、一芽二叶制造银骏眉、铜骏眉及其他奇红产品。

表2-4　奇红茶青质量

等级	质量要求
一级	单芽
二级	一芽一叶
三级	一芽二叶

金骏眉（单芽）

银骏眉（一芽一叶）

铜骏眉（一芽二叶）

图 2-21　标准采摘：单芽、一芽一叶、一芽二叶

（二）萎凋

　　可采用自然萎凋，有阳光时也可先进行短时日光萎凋，随后移入萎凋室进行自然萎凋。萎凋室温度掌握在 23℃左右，相对湿度在 60% ～ 70%，萎凋时间在 5 ～ 6 h。当萎凋叶由绿色变为暗绿，失去光泽呈疲软状态，手摸芽叶软绵、不刺手、可成团，青草气味消失，散发出清香时，即为萎凋适度。也有采用萎凋槽进行萎凋的，温湿度的掌握与自然萎凋相当，萎凋时间比自然萎凋短，效果也不错。

（三）揉捻

揉捻室温度在 22 ~ 24℃，相对湿度为 90% 左右，揉捻时间为 30 min 左右。加压原则为：轻—重—轻，中间停机解块一次。揉捻程度以茶汁流出，叶片 80% 以上卷紧成条，叶细胞破损率在 85% 左右为适度。

（四）发酵

发酵室应做到空气新鲜、氧气充足，温湿度易调节，以利于酶促发酵。春茶采制期间，武夷山区多为低温阴雨天气，一般可为发酵篓加盖湿布以保持温度、湿度。发酵室温度控制在 22 ~ 25℃，不宜超过 28℃，湿度要求在 85% ~ 90%。发酵时，将揉捻叶放进竹制发酵篓内稍稍轻压，保持通气供氧，需要时在发酵过程中进行一次翻拌，保证发酵均匀。应注意发酵叶温的变化，如叶温过高，要及时翻拌散热。发酵时间一般在 6 ~ 8 h。发酵适度时，叶色红黄或红褐，青气消失，发出清香或花果香。

（五）烘焙

干燥的主要特点是叶内水分汽化。在干燥过程中，叶内水分蒸发到空气中，一般分为两步：湿茶坯受热时，首先是表层水分逐渐汽化蒸发；接着是内层水分逐渐向表层扩散，再由表层蒸发到空气中。

干燥分初焙和复焙两个阶段，多采用传统手工焙笼工艺，也有用电烘箱干燥的，只是香气滋味比手工炭焙的稍差些。干燥时，因茶坯含水量、气温、湿度的不同，在烘焙温度、摊叶厚度、烘焙时间的掌握上应有所差异。

初焙采用高温，温度保持 90℃，迅速散发水分、去除杂异味，使香气滋味更加完善，时间为 20 ~ 35 min，每 2 ~ 3 min 翻动一次。

复焙采用低温，温度控制在 75 ~ 85℃，时间为 3 ~ 4 h 为宜，以促进花果香的形成。期间每 30 min 翻动一次，动作要轻，以防断碎。当闻到清香、花果香，手抓干茶有刺手感，捻之成粉末，含水量为 5% ~ 6% 时，即可趁热装箱，以固定其高香。

二、奇红的精制工艺

奇红的精制加工工艺流程：

毛茶归堆→过筛→复火→装箱→成品。

奇红的精制工艺与正山小种、小种红茶精制工艺基本相似，具体工艺见本章第一节。

三、金骏眉加工工艺

金骏眉是奇红中最具代表性、知名度最高的产品。

金骏眉的加工工艺流程：

采摘→萎凋→揉捻→发酵→干燥。

（一）采摘

以当地高海拔地带生长的"武夷变种"（当地称菜茶）单芽为原料，如图2-22所示。采摘在清明谷雨期间，当鱼叶大开、茶芽长到最饱满时，手工采摘。鲜叶原料要求新鲜，采摘、运输过程要防止挤压，避免造成原料的损伤、发热、发红，影响成品茶品质。

（二）萎凋

金骏眉萎凋可采用自然萎凋，有阳光时进行短暂日光萎凋，随后移入萎凋室进行自然萎凋至适度。萎凋时将原料薄摊在水筛、竹席或木板上，让其自然萎凋，厚度以不重叠、依稀见到筛面或木板为准。

萎凋室温度掌握在23℃，相对湿度在60%～70%，萎凋时间为5～6 h或更长。保护区山高林密、阴雨天多、气温低，要注意加温，控制湿度。萎凋室要保持干净、明亮、通风通气。

图 2-22 金骏眉采摘

目前，保护区内一般采用萎凋槽进行萎凋的，效果也很好，温湿度的掌握与自然萎凋相当，时间短些，但要注意湿度的掌握。萎凋程度适当与否，直接影响成茶的品质，萎凋不足会造成揉捻不成条、断碎多，外形色泽不乌黑油润，汤色浑浊，滋味苦涩，叶底暗红。萎凋适度的标准为叶色由鲜绿变为暗绿，叶面失去光泽呈疲软状态，手摸芽叶软绵，不刺手，可成团，青草气味大部分消失，散发出清香。

（三）揉捻

揉捻如图 2-23 所示。通过揉捻将芽叶表皮细胞揉破，破碎充分与否，是发酵工序好坏的关键因素。揉捻充分、到位的茶叶，条索紧结、色泽乌润、滋味浓厚、汤色红浓，叶底古铜色均匀。揉捻不足的，条索松，色泽不乌润，滋味淡薄，汤色浅而浑浊，叶底花青；揉捻过度的，茶汁流失过多，使茶叶色泽不油润乌黑，滋味淡且不耐泡，汤色暗浊，沉淀物多。揉捻室要求光线

图 2-23　金骏眉揉捻

充足、明亮，空气新鲜流通，没有穿堂风，避免日光直射。控制室内温湿度，适宜的室内温度在 22 ～ 24℃，相对湿度在 90% 左右。

揉捻时间为 1 h 左右。首先不加压轻揉 25 min，再轻压揉 15 min（解块一次），再重压 10 min，然后松压 5 min，最后下桶解块，待发酵。揉捻程度以叶面细胞破碎率在 85% 左右为适度。茶汁大量流出，部分叶色呈微黄绿。

（四）发酵

发酵如图 2-24 所示。多酚类化合物存在于鲜叶细胞的液泡中，而多酚氧化酶一般认为存在于叶绿体中。揉捻过程中对细胞组织的损伤是发酵过程的必要条件。细胞组织损伤得越快，发酵进行得越快；细胞组织被损伤得越多，发酵的面积就越大。

发酵室必须做到温湿度容易调节，空气新鲜、氧气充足，避免日光直射，以利茶叶发酵。有的茶农将发酵叶放在萎凋室内进行发酵。武夷山自然保护区春茶采制期间，多阴雨、温度低，保持温度尤为重要，可将发酵篓加盖湿布或围起来以保持温度、湿度。

发酵场所温度控制在 22 ~ 25℃，不超过 28℃为宜。温度偏低，则酶活性降低，酶促氧化作用放慢或停滞，不利于香味的形成，汤色浅。温度偏高，则发酵叶温也易偏高，容易产生酸馊酵味，香气不纯正，叶底暗。

湿度的要求比萎凋工序高，以利酶的氧化作用，要求为85% ~ 90%。若湿度偏低，水分散失太快，则无法形成乌黑油润的色泽，汤色浑浊，滋味青涩，叶底花青。

发酵时将揉捻好的茶叶放进竹制的发酵篓内稍稍轻压，保持通气，有需要时在发酵过程中进行一次翻拌，保证发酵的均匀。注意发酵叶温的变化，温度高了要及时散热。发酵时间为 8 ~ 12 h。发酵适度时，叶色变淡呈红黄色，叶脉呈浅红黄，青草气消失，发出清香或花果香。

图 2-24　金骏眉发酵

◇ 第二章　武夷红茶的制作工艺 ◇

（五）干燥

干燥可除去茶叶多余的水分，使茶叶便于保存。通过火功促进香气的形成，使色泽更乌黑，滋味更醇和。

金骏眉干燥采用传统手工焙笼炭焙工艺（见图2-25），火力大、持久。炭焙的金骏眉甘醇爽口，有火功香、花果香且纯正。有的茶厂以电烘箱干燥（见图2-26）效果也不错，而且省工。但是，香气滋味比手工炭焙的稍差些。

初焙高温，温度为90℃，迅速散发水分及去除杂异味，以促进香气滋味更加完善，时间在20～35 min，每2～3 min翻动一次。

复焙低温文火，以75～85 ℃、时间3～4 h为宜，以促其花果香进一步巩固，汤色清澈，耐冲泡。期间每半小时翻动一次，动作要轻，以防断碎。当闻到清香、花果香，手抓干茶有刺手感，捻之成粉末，含水量至6%以下即可。趁热装箱以保持固定其高香。

在干燥时，由于原料含水量、气温、湿度的不同，火温高低、摊叶厚度、干燥时间的掌握有所差异。干燥过程中会产生紫罗兰香、玫瑰花香、蜜枣香、桂圆干香或复合型花果香，这需要技术老到的技工"看茶制茶"灵活操作。

金骏眉原料天然有机，制作全过程不落地，干净卫生，不进行第二次精制筛选，在精包装时剔除个别鱼叶即可包装上市。

图 2-25　金骏眉焙笼烘焙

图 2-26　金骏眉烘干机烘焙

第四节　武夷红茶加工与品质形成

武夷红茶中的有效成分主要有茶多酚、蛋白质、氨基酸、咖啡碱（咖啡因）、糖类、黄酮、茶黄素（Theaflavins，TFs）、茶红素（Thearubigins，TRs）、茶褐素（Theabrownins，TBs）、芳香物质等，这些有效成分与其品质构成关系密切。武夷红茶加工过程中，发生了一系列复杂的理化变化，形成了武夷红茶特有的色、香、味、形品质特征。

一、武夷红茶加工与色泽形成

武夷红茶在加工中，色泽由鲜叶的绿至红及棕色／乌黑色转变，主要发生了两种生物化学反应：一是多酚类的氧化，鲜芽叶在多酚氧化酶作用下，使无色的茶多酚转化为有色产物——橙黄色的茶黄素、红棕色的茶红素和色泽暗褐的茶褐素；二是叶绿素的降解作用，包括水解和脱镁。

叶绿素及其降解产物是构成干茶及叶底色泽的主要物质，它们与红茶的内质之间并无直接的联系，故对汤色特征无多大贡献。但是，如果加工中叶绿素未得到足够破坏，残余过多，其绿色与多酚类的有色氧化产物混合在一起，便形成"乌条"现象，对干茶色泽、叶底和汤色等将起不良的影响。

拉马斯瓦米（Ramaswamy）等人指出，红茶的乌润度是黄色和褐色色素在干燥过程中浓缩的结果。

二、武夷红茶加工与香气形成

茶鲜叶中有芳香物质80余种，并以具青草气的青叶醇为主，而已检出经鉴定的红茶香气物质有400余种。这表明，在红茶加工中，鲜叶中的芳香物质在含量和种类上发生了极为深刻的变化。红茶的香气，主要产生于其加工过程，特别是发酵过程中。

在萎凋过程中，香气成分的总量可增至原料鲜叶的10倍以上，短时间内增至最大的有顺-3-己烯醇、反-2-己烯醇和芳樟醇。

在揉捻过程中，茶叶组织和细胞破碎，其中的化学成分和酶得到充分混合，开始发生各种化学反应。

在发酵过程中，香味成分主要是由空气中的氧气和茶叶中基质之间发生的酶促反应所形成的。发酵中被氧化的儿茶素类，能引起氨基酸、胡萝卜素、亚麻酸等不饱和脂肪酸的氧化降解而形成挥发性化合物，反-2-己烯醛（青叶醛）生成显著，紫罗酮关联物伴随发酵氧化反应的激烈进行，由胡萝卜素转化形成。在此阶段，已形成红茶特有的基本风味（香气和滋味）。此外，始于萎凋过程的作为糖苷而结合的香气化合物的 β-糖苷酶的水解反应，在揉捻和发酵阶段得到加速。

干燥过程是脱水和钝化酶的过程。一方面，高温热化学作用使挥发性化合物显著散失，另一方面，由加热而生成的香气化合物如醛类、香芹酮酸类、内酯类和各种紫罗酮系物增加，最后形成了红茶极为协调而复杂的香气。

小种红茶由于其独特的烟熏工艺，在一般红茶的香气基础上，还具有松烟香。松烟香的形成是由于在烟熏的过程中，来自茶叶的香气成分减少了，而来自松木的萜烯类和热解产物显著增加。松明的挥发性成分分析表明，茶叶对这些成分的吸收有明显的选择性。经过分析发现，长叶烯和 α-松油醇为小种红茶最丰富的香气成分。

侯冬岩等人的研究表明，正山小种红茶骏眉系列中金骏眉、银骏眉、赤甘的香气成分随着醇和醛含量的变化而呈规律性改变。金骏眉中苯乙醇、芳樟醇和苯甲醇含量较高。苯乙醇具有清甜的依兰香、蜂蜜及玫瑰花香，芳樟醇又名沉香醇，具有铃兰香气，因而金骏眉甘香清甜、沁人心脾。银骏眉中苯乙醇、芳樟醇和苯甲醇含量亦较高，但低于金骏眉中苯乙醇、芳樟醇和苯甲醇含量。正己醛和苯甲醛含量高于金骏眉中正己醛和苯甲醛含量。正己醛和苯甲醛具有草莓、苹果等水果香气，因而银骏眉具有一种花香与果香混合的综合香型。赤甘中苯乙醇、芳樟醇和苯甲醇含量低于银骏眉中苯乙醇、芳樟醇和苯甲醇含量。正己醛和苯甲醛含量高于银骏眉中正己醛和苯甲醛含量。因而赤甘亦具有花香与果香混合的综合香型，口感与银骏眉相似。

综上所述，在红茶加工过程中，在酶的催化作用下，儿茶素邻醌的偶联氧化作用以及水热作用和酸性等条件，都能引起或促进芳香物质的产生。常见的生化反应有氧化、还原、化合、分解、酯化、环化、异构化、脱氨和脱羧等。

三、武夷红茶加工与滋味形成

（一）多酚类物质与红茶滋味形成

1. 多酚类物质在红茶加工中的变化

在发酵过程中，多酚类化合物在多酚氧化酶及过氧化物酶的催化作用下，氧化成邻醌，邻醌再进一步氧化聚合，形成茶黄素和茶红素。部分茶红素或与蛋白质结合留在叶底，或进一步氧化转化成暗黑色物质（茶褐素），使多酚类物质总量不断减少。

黄酮醇类一般可受氧化酶催化而氧化，但它们的糖苷由于配糖化作用，难以进行这种氧化。黄酮类物质色黄，氧化产物橙黄以至棕红。黄酮类物质及其氧化产物对红茶茶汤的色泽与滋味都有一定的影响。

2. 多酚类物质及其氧化产物与红茶滋味形成

多酚类物质在红茶加工过程中复杂的变化，大致可分为以下三个部分：①未被氧化的多酚类物质，主要是残留儿茶素，并以酯型儿茶素为主；②水溶性氧化产物，主要是 TFs、TRs 和 TBs；③非水溶性转化产物。

（1）未被氧化的多酚类物质与红茶品质的关系

未被氧化的多酚类物质溶于水，冲泡时进入茶汤，是茶汤浓度、强度不可缺少的部分，同时也是茶汤爽口和刺激性成分。多酚类的变化主要是在发酵工序。如果发酵不充分，则茶多酚保留量过多，特别是涩味重的酯型儿茶素残留量过多，此时涩味的黄酮类和苦味的花青素类化合物的氧化也不足，使茶汤苦涩。如果发酵过度，则保留量过低，使茶汤收敛性减弱，汤味变淡。只有适度发酵，多酚类保留适当并与其他水溶性物质相协调，才能使茶汤爽口而不苦涩，浓强度和刺激性高。

（2）多酚类物质的水溶性氧化产物与红茶品质的关系

多酚类物质的水溶性氧化产物主要是茶黄素、茶红素和茶褐素。

茶黄素是由成对的儿茶素经氧化聚合而形成的具有苯并卓酚酮结构的化合物，是红茶中的重要成分，对红茶的色、香、味及品质起着决定性的作用，是红茶汤色亮的主要因素，也是提升汤味强度和鲜爽度的重要成分，同时还是形成茶汤"金圈"的最主要物质。

茶黄素与红茶汤色密切相关，其含量越低，汤色亮度越差；反之，则越好，呈金黄色。茶黄素具有辛辣和强烈收敛性，对红茶滋味有极为重要的作用，影响着红茶茶汤的浓度、强度和鲜爽度，尤其是强度和鲜爽度。

茶红素是一类相对分子质量差异极大的复杂的红褐色酚性化合物，包括儿茶素氧化产物与多糖、蛋白质、核酸和原花色素的非酶促氧化反应的产物。茶黄素受偶联氧化可以形成茶红素，邻醌聚合以及双黄烷醇的次级氧化也都可以形成茶红素，茶红素是红茶中含量最多的多酚类氧化产物。茶红素色泽棕红，是红茶汤色红的主要因素，也是影响汤味浓度和强度的重要物质，但其刺激性不如茶黄素，收敛性较强，滋味甜醇。

茶褐素是一类十分复杂的化合物，可分为透析性和非透析性两部分，除含多酚类氧化聚合产物外，还含有氨基酸、糖类等结合物，其色泽暗褐，滋味平淡，稍甜，量多，茶汤味淡发暗，是红茶汤暗的主因。

红茶品质要求汤色红艳明亮，滋味浓、强、鲜爽，带"金圈"。汤色优次则决定于上述三大色素的含量及组成比例。如 TFs、TRs 含量高，比例较大（一般 TFs > 0.7%，TRs > 10%，TRs/TFs 在 10 ~ 15 时），TBs 较少，汤品质优良；如 TFs 少，汤亮度差；如 TRs 少，汤红浅，说明发酵不充分；如 TBs 多，红暗不亮，说明发酵过度。

红茶滋味的浓度、强度与 TRs、TFs、残留多酚及 TRs、TFs 的协调关系有关，鲜爽度的决定性成分则是 TFs、残留儿茶素以及氨基酸、咖啡碱（咖啡因）等，所以 TFs、TRs、儿茶素及氨基酸等是决定红茶茶汤品质极为重要的物质。

（3）水不溶性氧化产物与红茶品质的关系

在发酵过程中，部分多酚类及其氧化产物如邻醌、TFs、TRs、TBs 会与蛋白质结合形成不溶于水的化合物沉淀于叶底，如茶黄素‐蛋白质、茶红素‐蛋白质、邻醌‐蛋白质及儿茶素‐蛋白质等，其形成过程包括红茶生产的萎凋、揉捻、发酵和干燥工序。在多酚类物质的酶促氧化过程中，适当的非水溶性红色产物是形成红茶叶底色泽的必要物质。如茶黄素‐蛋白质、茶红素‐蛋白质含量偏低，通常叶绿素的破坏也不充分，而出现"花青"，是发酵不充分的表现，但如发酵过度，则会产生大量的茶黄素‐蛋白质，使叶底红暗，形成暗褐的叶底色泽。

（二）蛋白质、氨基酸与红茶滋味形成

茶鲜叶中氨基化合物主要有蛋白质和游离氨基酸。

在红茶加工中蛋白质含量减少。

氨基酸在红茶加工中的变化则比较复杂。氨基酸在红茶加工的萎凋阶段明显增加，在以后各工序中又逐渐减少。在红茶加工的干燥阶段，在热的作用下，氨基酸的变化更为复杂。氨基酸可经脱水直接形成吡嗪类香气成分，也可经脱羧同时产生脱氨作用及还原等反应，形成酚、对甲基酚、吲哚等香气成分。此外，氨基酸还可与糖类物质发生美拉德（Maillard）反应，并经过斯特雷克尔（Strecker）降解生成醛类、吡嗪类、吡咯类香气物质及黑色素。此外，氨基酸还参与红茶色素的形成。

（三）糖类物质与红茶滋味形成

茶鲜叶中的糖类物质包括多糖和可溶性糖类：前者主要有纤维素、半纤维素、淀粉和果胶物质等；后者则主要是一些单糖、双糖和少量的寡糖类，包括果糖、葡萄糖、阿拉伯糖、蔗糖、棉籽糖和水苏糖。

1. 多糖类与红茶滋味形成

纤维素、半纤维素化学性质比较稳定，在红茶加工中几乎无变化，难溶于水，茶叶冲泡时通常不能被利用，营养价值不大。

淀粉难溶于水，茶叶冲泡时通常不能被利用，营养价值不大，但在红茶的萎凋、发酵工序中，在淀粉酶的作用下，可被水解成可溶性糖而逐渐减少。干燥过程的水热作用下，淀粉还会产生热裂解使其含量进一步下降。加工过程中的酶或水热作用所产生的可溶性糖类物质，对提高红茶的香气、汤色和滋味有一定意义。

萎凋中鲜叶的原果胶含量减少，而水溶性果胶含量增加，这种下降与增加是原果胶产生酶促水解的结果。萎凋中果胶物质总量下降，表明果胶物质不仅在自己的各个部分之间互相转化，而且通过分解还形成了其他化合物，如半乳糖、阿拉伯糖等。

2. 可溶性糖与红茶滋味形成

茶鲜叶中的可溶性糖包括一切单糖、双糖及少量的其他糖类。常见的双糖有蔗糖，在一定条件下可水解而成单糖，即葡萄糖和果糖。

在鲜叶加工中，叶组织内部既同时存在着多糖类物质水解成的可溶性糖，也存在着单糖和双糖的无补偿呼吸分解及其转化。若可溶性糖的来源多于消耗和转化，则总表现为增加；反之则减少。

在揉捻和发酵中，单糖的含量或由于有较多的氧化转化而下降，或由于双糖和多糖有较多的水解而增加。在干燥时，一部分大分子的糖类物质又能进一步热裂解成单糖，但由于还原性糖在干燥阶段发生焦糖化作用和糖氨缩合构成红茶的香气等，其含量变化不定。

双糖的含量在红茶加工中一般趋于减少，这是由于双糖在酶或热的作用下，水解而成为单糖。

可溶性糖不仅是滋味物质，给茶汤带来甜醇的味道，而且在红茶的加工过程中，可发生焦糖化作用和羰氨反应，生成相应的醛类和吡咯类、吡嗪类含氮化合物等，对红茶乌润的色泽和香气的形成有重要作用。如葡萄糖、果糖、半乳糖、甘露糖及蔗糖等与苯丙氨酸混合液在热处理条件下，能产生玫瑰花香与稻草黄色物质。优良的红茶，常具有一种近似蜜糖的香味，这种香味常在干燥工序打足火并采用"低温长烘"时产生，就是因为茶叶中的单糖在烘焙时能产生类似糖香。但是，如果采取持续高温，不仅会消耗过多的氨基酸和糖类等可贵的品质成分，也会产生较多的非水溶性黑色素和某些挥发性组分，使香气组成失调，有损茶叶品质。

四、武夷红茶加工与形状形成

武夷红茶的形状基本均为条形，成条主要在揉捻过程中。鲜叶经过萎凋，叶质变柔软。揉捻时，揉捻叶在揉桶中做匀速平面圆周运动，受到揉桶、压盖、揉盘、棱骨及叶团自身的多方向力的复合作用，叶团内部叶子受到四周挤压，使其沿各自叶片主脉搓揉成紧结圆浑的条索状，同时将叶细胞组织搓揉破碎，增加叶子的柔软性和可塑性。同时，茶汁挤出混合，增加了叶子的黏性。随着揉捻的进行，叶片皱褶纹路逐渐增多，柔软性、可塑性和黏性增大，体积缩小。此时再逐渐加大压力，一方面，使叶子皱褶更多、纹路更多，形成粗条形；另一方面，增大叶与叶之间的摩擦力，叶子不同部位所受的摩擦力不同，运动的速度也不一样，因而产生扭力，于是粗条经扭力作用逐渐扭卷成紧条。

揉捻后进行发酵，发酵叶经过干燥，散失水分，茶条进一步收紧，形成干茶形状。

知识延伸

奶茶品鉴

本文所指奶茶（如图 2-27 所示）以武夷红茶与牛奶为主要原料调配而成，与市场上多数饮品店中的奶茶有别。奶茶色泽以姜黄为好。茶汤中 TFs 多，TRs 少，加入牛奶后乳色一般呈姜黄；反之则会使乳色黄中带灰。这主要是由于牛奶中含有大量蛋白质，它们能与 TRs 结合形成茶红素－蛋白质盐类，使红色转淡。如 TFs 过低，便反映不出红茶鲜艳明亮的汤色。TFs 遇牛奶后，只有一般的稀释作用。

图 2-27　奶茶

第五节　武夷红茶的选购与贮藏

一、武夷红茶的选购

市场上的茶叶品种、等级繁多，鱼龙混杂，非专业人士很难辨别优劣。为了买到称心如意的好茶，下面介绍4种通用的选购技巧。

（一）观外形

好的茶叶往往色泽鲜亮，红茶乌黑油润。如果茶叶色泽暗而无光或色泽不一，表明茶叶品质劣、加工技术不当，不建议购买。

（二）品内质

茶汤的颜色、香气、滋味都是衡量茶叶品质的重要因素，茶叶因发酵程度不同，茶汤的颜色也不尽相同。红茶的汤色一般以红艳明亮为主，而发酵程度稍轻的金骏眉以金黄/橙黄明亮为主。总体来说，茶汤颜色应明亮、清澈，不浑浊。香气也是一样，茶叶经过不同的加工方式形成特异的香气，如红茶的焦糖香。武夷红茶中的奇红以甜花香为主，小种红茶以松烟香为主。总体来说，以散发出的茶香令人身心愉悦的为佳。闻过茶香后，茶汤的滋味也是需要考量的，品质好的红茶滋味甜醇鲜爽，品质差的红茶则粗淡甚至有异味。由于茶叶的吸附性强，贮藏不当的陈年红茶会有明显的陈味甚至霉味。简单地说，香气纯正、滋味甜醇、润滑回甘的为好的红茶。

另外，冲泡后茶叶条索缓慢舒展开，叶底红亮柔软、嫩度较好的，品质较佳。茶冲泡后，叶子迅速伸展，条索松散、不耐泡的大多是粗老的茶叶，品质较差。

（三）关注安全认证

除了最基本的茶叶感官辨别方法，2018 年以前，国家相关部门为了保障流入市场的茶产品的优质安全，制定了相关的保障措施，实施和其他食品一样的生产许可质量标准（Quality Standard, QS）认证。另外，茶叶作为农产品还要进行无公害食品认证、绿色食品认证、有机食品认证、原产地认证等。《食品生产许可管理办法》新规定，2018 年 10 月 1 日及以后生产的食品一律不得继续使用原包装、标签以及 QS 标志，取而代之的是有 SC 标志（食品生产许可标志）的编码。SC 标志的主要作用包括 3 个方面：

一是表明该产品取得了食品生产许可证；

二是表明该产品经过了出厂检验；

三是企业明示该产品符合食品质量安全的基本要求。

因此，在选茶过程中，除了考虑自己的经验与喜好，注意这些认证标志也是必需的。只有这样，消费者的利益与诉求才能受到法律的保护。重视安全认证既是对自身健康的负责，也是为维护良性市场竞争贡献自己的一份力量。

二、武夷红茶的贮藏

茶叶具有较强烈的吸附性、吸湿性与陈化性，如果贮藏不当，容易吸附异味、受潮变质或加快陈化，这不仅会影响红茶固有的天然风味，甚至还会使其失去饮用价值。要做好茶叶的贮藏，首先要了解茶叶内含物质的变化和茶叶易变质的原因，正确地掌握茶叶与温度、湿度的关系，科学地贮藏茶叶。

（一）影响茶叶品质的因素

茶叶品质的变化由内外两种因素引起。从内因来说，有后熟作用、陈化作用、吸湿作用和吸附作用等。茶叶的后熟作用是指茶叶品质从略生变为良好，直到出现陈味前的这段过程的品质变化。茶叶在出现陈味之后的品质变化，即为陈化作用。另外，茶叶质地疏松多孔，并含有多种亲水性成分，因此具有很强的吸湿作用。此外，由于茶叶表面具有一定的处于不饱和、不稳定状态的分子或原子，会吸附空气中与茶叶表面碰撞的气体分子或原子来达到稳定状态，因而产生吸附作用。

从外因来说，茶叶在贮藏中发生质变的主要因素是湿度、温度、氧气和光线。

1. 湿度

茶叶的含水量越高，茶叶越容易陈化和变质。一般来说，当茶叶的含水量为 3% 时，茶叶容易保存；当茶叶含水量超过 6% 或空气湿度高于 60% 时，茶叶的色泽变深，茶叶品质变劣。成品茶的含水量应该控制在 3% ～ 6%，超过 6% 时应该复火烘干。

2. 温度

温度越高茶叶的陈化越快。红茶中残留的多酚氧化酶和过氧化物酶活性的恢复与温度呈正相关。因此，在较高温度下贮放茶叶，未氧化的黄烷醇酶促氧化和自动氧化，茶黄素和茶红素进一步氧化、聚合，从而加速新茶的陈化和茶叶品质的下降。

3. 氧气

空气中的氧气会加快茶叶的氧化作用，影响茶叶的品质。茶叶中儿茶素的自动氧化、维生素 C 的氧化、残留酶催化的茶多酚氧化以及茶黄素、茶红素的进一步氧化聚合均与氧的存在有关，脂类氧化产生陈味物质也与氧的直接参与和作用有关。如茶多酚是与茶叶汤色和滋味关系最密切的成分，在贮藏中易发生氧化，生成醌类，从而使茶汤变褐。维生素 C 被氧化后，既降低了茶叶的营养价值，又使茶的颜色发生了褐变。类脂水解后变成游离脂肪酸，随着茶叶贮藏过程中游离脂肪酸含量不断增加，不仅茶叶香味显陈，汤色也会加深，从而导致饮用价值和商品价值降低。

4. 光线

光能促进植物色素或脂质的氧化。研究表明，茶叶贮藏期间受光与不受光相比较，茶叶中 1- 戊烯 -3- 醇、戊醇、辛烯醇、庚二烯醛、辛醇明显增加。除通常会因变质而增加的成分外，戊醇、辛烯醇成分被认为是光照产生的陈味特征成分。

（二）茶叶的贮藏方法

由于茶叶具有吸湿性、吸附性、陈化性、热敏性等特性，所以在贮运过程中应注重温度、湿度、光线等周围环境的变化。茶叶的贮藏以干燥（含水量在 3% ～ 4%）、冷藏、无氧（抽成真空或充氮）和避光保存为最好。武夷红茶一般不用冷藏，常温保存即可。1 个月以内的短期存放，建议使用遮光、防潮效果好，如既经济又方便的铝箔袋。每次取用茶叶后，袋口要密闭。1 年以内的中期存放，一般以塑料复合薄膜为内袋，以铁罐或不锈钢罐为外包装。1 年以上的长期存放，一般以塑料复合薄膜为内袋，以纸箱、木箱、铁桶等为外包装。不管哪一种贮藏方式，茶叶本身的含水量都要在 6% 以内，存放的环境都要干燥、无异味、没有阳光直射。武夷红茶常用包装如图 2-28 所示。

　　不同的茶叶最好分开存放，以免茶香互相干扰。存放的时间视茶叶种类而定。通常绿茶在室温下可存放半年至一年，时间放久了颜色会变深暗，而全发酵的红茶，存放时间可以更久，若贮藏得当，品质变化不大。如武夷红茶中的小种红茶，一般在常温、避光、干燥、无异味的环境下可存放较长的时间。随着存放时间的延长，其品质也在发生变化，鲜爽度会降低。对于奇红，如金骏眉来说，最好是尽快饮用，因为鲜爽度、花香是其重要的品质特征，若存放时间过长，其风味会受到影响。总体来说，购买的茶叶最好还是尽早饮用完，以免因为保存不当而影响品质。

图 2-28　武夷红茶常用包装

第三章　武夷红茶的品鉴

武夷红茶可分为正山小种、小种、烟小种、奇红。正山小种、小种红茶滋味醇厚、甜爽，桂圆干香明显；烟小种红茶滋味甜醇，松烟香显；而现代创新工艺的奇红（金骏眉、银骏眉等）则突显出愉悦的花果香、蜜香，滋味甜醇、甘滑、鲜爽。可以结合武夷红茶的科学审评与日常冲泡方式品赏，并通过走进茶区的方式拓展对武夷红茶的认知。科学审评结合日常品鉴可以拉近专业审评与大众识茶的距离，启发体验者从不同的角度来评判武夷红茶的品质。在此基础上，体验者通过走进茶区，能更好地理解地域特征、工艺特征与品质之间的关联。近年来，武夷红茶游学体验班盛行，这对武夷红茶的推广起到了一定的作用。

第一节　武夷红茶的科学审评

武夷红茶的感官审评，是指审评人员运用正常的视觉、嗅觉、味觉、触觉等辨别能力，对武夷红茶产品的外形、汤色、香气、滋味与叶底等品质因子进行综合分析和评价的过程。它便于指导生产、改进制茶技术、提高茶叶品质，同时也便于企业和消费者鉴别茶叶品质的优劣。感官审评是评价一款红茶品质优劣的常见方法，也是最快速有效的方法。要得到正确的审评结果，除评茶人员应具有敏锐的感官审评能力外，还要有良好的环境条件、设备条件及科学有序的评茶方法。

一、武夷红茶科学审评的基本要求

审评室要求干燥清洁、空气新鲜，控制室温在 25℃、相对湿度在 75% 左右。审评室最好与贮茶室相连，避免与生化分析室、生产资料仓库、食堂、卫生间等异味场所相距太近，也要远离闹市，确保安静。审评室内设有干评台、湿评台、样茶柜、评审杯碗等评茶设备。

（一）审评台

干评台高度 800 ～ 900 mm，宽度 600 ～ 750 mm，台面为黑色亚光；湿评台高度 750 ～ 800 mm，宽度 450 ～ 550 mm，台面为白色亚光。审评台长度视实际需要而定。

（二）审评杯碗

杯呈圆柱形，高 66 mm，外径 67 mm，容量 150 mL。具盖，盖上有一小孔，杯盖上面外径 76 mm。与杯柄相对的杯口上缘有三个呈锯齿形的滤茶口。碗高 56 mm，上口外径 95 mm，容量 240 mL。

（三）评茶盘

评茶盘又称样茶盘或样盘，用于茶叶外形的审评，用木板或胶合板制成，正方形，外围边长 230 mm，边高 33 mm，盘的一角有缺口，缺口呈倒等腰梯形，上宽 50 mm，下宽 30 mm。涂以白色油漆，无气味。

（四）叶底盘

叶底盘有黑色叶底盘和白色搪瓷盘。黑色叶底盘为正方形，外径边长 100 mm，边高 15 mm，供审评精制茶用；搪瓷盘为长方形，外径长 230 mm，宽 170 mm，边高 30 mm，一般供审评初制茶叶底用。

（五）其他审评用具

天平（感量 0.1 g）、定时钟或特制砂时计（计时沙漏）、网匙、茶匙、汤杯、吐茶桶、烧水壶等。

二、武夷红茶科学审评流程

武夷红茶品质的好坏、等级的划分、价值的高低，主要根据茶叶外形、香气、滋味、汤色、叶底等项目，通过感官审评来决定，具体可通过把盘、开汤、嗅香气、看汤色、尝滋味、评叶底六个程序来鉴别。

（一）把盘

把盘，俗称摇样匾或摇样盘，是审评干茶外形的首要操作步骤，如图 3-1 所示。武夷红茶精茶外形的审评一般扦取有代表性的茶样 100 ~ 200 g 置于审评盘中，双手拿住审评盘的对角边缘，一手要拿住样盘的倒茶小缺口，用回旋筛转的方法使盘中的茶叶分出上、中、下三层，形成上段茶、中段茶、下段茶。一般先看上段茶和下段茶，然后看中段茶。看精茶外形一般要求对样评审上、中、下三档茶叶的拼配比例是否恰当和相符，是否平伏匀齐不脱档。各盘样茶容量应大体一致，便于评审。

武夷红茶干茶外形主要从其条索、嫩度、整碎和净度来评价。优质红茶干茶应紧结、重实、乌黑油润、匀整无杂，干茶香气纯正；金骏眉等高级红茶，茶芽多，芽头紧细卷曲，叶嫩匀整，色泽乌润金毫显，无异杂，干茶香气甜纯舒适。若外形松散、轻飘、粗糙，叶质老多断碎、杂片，色泽枯暗花杂，不匀整，干茶存在异味等情况，则茶叶较次。

图 3-1　把盘

（二）开汤

开汤，俗称泡茶或沏茶，为湿评内质重要步骤，如图 3-2 所示。开汤前，应先将审评杯碗洗净擦干，按号码次序排列在湿评台上。称取有代表性的样茶 3 g 投入 150 mm 审评杯内，杯盖应放在审评碗内，然后以滚沸适度的开水以慢—快—慢的速度冲泡满杯，泡水量应齐杯口一致。冲泡第一杯起计时，随泡随加盖，盖孔朝向杯柄，5 min 时按冲泡次序将杯内茶汤滤入审评碗内，倒茶汤时，杯应卧搁在碗口上，杯中残余茶汁应完全滤尽。开汤后应先嗅香气、快看汤色，再尝滋味，后评叶底。

图 3-2　开汤

（三）嗅香气

嗅香气如图 3-3 所示。一手持杯，一手持盖，靠近鼻腔，半开杯盖，嗅审评杯中香气，每次持续 2～3 s，随即合上杯盖，可反复 1～2 次。另外，杯数较多时，嗅香时间拖长，冷热程度不一，影响评审结果。因此，每次嗅评时都应将杯内叶底抖动翻个身，在未评定香气前，杯盖不得打开。嗅香气应以热嗅、温嗅、冷嗅相结合进行。辨别香气的优次，以温嗅为宜，最适合的叶底温度是 55℃左右。一般武夷红茶香气以高锐、细腻、鲜爽、浓郁、持久、纯正、无异味为好，常带有愉悦的甜香或花果香，以及特有的高山韵和地域气息；香气淡薄低沉而带有粗异气味者为次。

图 3-3 嗅香气

（四）看汤色

看汤色如图 3-4 所示。用目测法审评茶汤，应注意光线、评茶用具等的影响，可调换审评碗的位置以减少环境光线对茶汤的影响。按汤色性质及深浅、明暗、清浊及沉淀物多少等评定优次。武夷红茶汤色金黄、橙黄或橙红明亮，有"金圈"。若汤色浅淡、暗浊、沉淀物多，则品质较差。

图 3-4 看汤色

（五）尝滋味

尝滋味如图 3-5 所示。用茶匙取适量（5 mL）茶汤于口内，通过吸吮使茶汤在口腔内循环打转，接触舌头各部位，感受茶汤入口后的味道，随后将茶汤咽下或吐入吐茶桶。审评滋味时茶汤不宜太烫或太凉，温度以 45℃最为适宜。审评滋味主要按浓淡、强弱、鲜滞及纯异等评定优次。武夷红茶茶汤滋味以口感醇厚甘甜、饮后口腔愉快无不适感为好，而平淡乏味或含有粗涩味者为次，若存在麻口、口腔不适或有异味等情况，则品质差。

图 3-5　尝滋味

（六）评叶底

评叶底如图 3-6 所示。评叶底时，精制茶采用黑色叶底盘，毛茶采用白色搪瓷叶底盘，将杯中的茶叶全部倒入叶底盘中。其中，白色搪瓷叶底盘中要加入适量清水，让叶底漂浮起来，通过视觉和触觉根据叶底的老嫩、软硬、匀杂、整碎、色泽和开展与否等来评定优次，同时还应注意有无其他掺杂。武夷红茶的叶底以柔软鲜活、匀整为佳，一般多呈现古铜色或红色，级别较高的奇红叶底柔嫩有芽、红亮匀整；若叶底硬、粗糙、无弹性，则原料粗老；此外，若叶底软而不柔、存在腐烂现象、色泽太过花青或没有亮度，则存在问题缺陷。

图 3-6　评叶底

三、审评结果与判定

（一）合格判定

以武夷红茶成交样或标准样相应等级的色、香、味、形的品质要求为水平依据，按红茶规定的审评因子（即形状、整碎、净度、色泽、香气、滋味、汤色和叶底，如表 3-1 所示）和审评方法，将生产样对照标准样或成交样逐项对比审评，判断结果按"七档制"方法进行评分（见表 3-2）。

表 3-1　各类成品茶审评因子

茶类	外形				内质			
	形状（A）	整碎（B）	净度（C）	色泽（D）	香气（E）	滋味（F）	汤色（G）	叶底（H）
绿茶	√	√	√	√	√	√	√	√
红茶	√	√	√	√	√	√	√	√
乌龙茶	√	√	√	√	√	√	√	√
白茶	√	√	√	√	√	√	√	√
黑茶（散茶）	√	√	√	√	√	√	√	√

茶类	外形				内质			
	形状（A）	整碎（B）	净度（C）	色泽（D）	香气（E）	滋味（F）	汤色（G）	叶底（H）
黄茶	√	√	√	√	√	√	√	√
花茶	√	√	√	√	√	√	√	√
袋泡茶	√	×	√	×	√	√	√	√
紧压茶	√	×	√	√	√	√	√	√
粉茶	√	×	√	√	√	√	√	×
注："×"为非审评因子。								

表 3-2　七档制审评方法

七档制	评分	说明
高	+3	差异大，明显好于标准样品
较高	+2	差异较大，好于标准样品
稍高	+1	仔细辨别才能区分，稍好于标准样品
相当	0	标准样品的水平
稍低	−1	仔细辨别才能区分，稍差于标准样品
较低	−2	差异较大，差于标准样品
低	−3	差异大，明显差于标准样品

审评结果按下式计算：

$$Y = A + B + \cdots + H$$

式中：Y——茶叶审评因子总得分；

　　　A，B，$\cdots$，H——各审评因子的得分。

结果判定：

任何单一审评因子中得 −3 者判该样品为不合格。总得分≤−3 者该样品为不合格。

如对一款正山小种七档制评分：外形 -1，汤色相当 0，香气 -1，滋味 +1，叶底 -1，总分为 -2，则判其品质较低；若外形 -2，其他同上，总分 -3，则判其不合格；若外形 -3，仅此一项即可判其不合格。

（二）权分法——加权评分法

权分是衡量某审评项目在整个品质中所居主次地位而确定的分数，这个分数即为权数。常按百分制评定各因子的分数再乘以权数，相加后除以总权数 100，所得的分数即为品质的评定结果。各类茶品质因子评分系数（权数）如表 3-3 所示。

表 3-3　各类茶审评因子评分系数　　　　　　　（单位：%）

茶类	外形（a）	汤色（b）	香气（c）	滋味（d）	叶底（e）
绿茶	25	10	25	30	10
工夫红茶（小种红茶）	25	10	25	30	10
（红）碎茶	20	10	30	30	10
乌龙茶	20	5	30	35	10
黑茶（散茶）	20	15	25	30	10
紧压茶	20	10	30	35	5
白茶	25	10	25	30	10
黄茶	25	10	25	30	10
花茶	20	5	35	30	10
袋泡茶	10	20	30	30	10
粉茶	10	20	35	35	0

根据审评人员对各项因子的评分，乘以该因子的评分系数，并将各个乘积值相加，即为该茶样审评的总得分。计算公式如下：

$$Y = A \times a + B \times b + \cdots + E \times e$$

式中：Y——茶叶审评因子加权评分总得分；

A，B，…，E——各项因子得分；

a，b，…，e——各项因子的评分系数。

如评正山小种，外形90分，汤色80分，香气85分，滋味90分，叶底90分，代入公式，该正山小种总得分（Y）= 90×25% + 80×10% + 85×25% + 90×30% + 90×10% = 87.75（分）。

四、武夷红茶的审评术语

评茶术语是记述茶叶品质感官评定结果的专业性用语，正确理解和运用评茶术语需要一定的专业功底。现将一些武夷红茶常用评语列后，供参考。

（一）干茶形状评语

毫尖：金黄色茸毫的嫩芽。

细紧：条索细长挺直而紧卷，有锋毫。

细嫩：条细紧，金黄色芽毫显。

肥嫩：芽叶肥壮。

紧结：茶条紧卷而重实。

紧实：茶条紧卷，身骨较重实。

粗壮：茶条粗大而壮实。

（二）干茶色泽评语

乌润：乌黑而有光泽，有活力。

乌黑：色泽乌黑，光泽度略差，稍有活力。

黑褐：色黑而褐，有光泽。

枯暗：枯燥反光差。

（三）汤色评语

红艳：汤色红而鲜艳，"金圈"厚，似琥珀色。

红亮、红明：汤色不甚浓、红而透明有光彩的称为红亮；透明而略少光彩的称为红明。

深红：汤色红而深，无光泽。

浅红：汤色红而浅。茶汤中水溶性物质含量较少、浓度低，常用于低档红茶。

红暗：汤色深红而显暗。多用于发酵过重或含水率过高、存放时间过长的红茶。

金黄：有黄金般的光泽。常见于发酵轻的茶汤。

棕红、粉红：红碎茶茶汤加牛奶后，汤色呈棕红明亮类似咖啡色的称为棕红，粉红明亮似玫瑰色的称为粉红。

姜黄：红碎茶茶汤加牛奶后呈姜黄明亮。

冷后浑：红茶茶汤冷却后出现浅褐色或橙色乳状的浑汤现象，为优质红茶的表现。

灰白：红碎茶茶汤加牛奶后，呈灰暗混浊的乳白色，是汤质淡薄的标志。

（四）香气评语

鲜爽：香气新鲜、活泼，嗅后爽快。

鲜甜：鲜爽带甜香。

高甜：香高，持久有活力，带甜香。

甜纯：香气纯和，虽不高但有甜感。

高香：香高而持久。

强烈：刺激强烈，浓郁持久，具有充沛的活力。

鲜浓：香气高而鲜爽。

浓郁：香气高扬丰富，芬芳持久。

馥郁：香气幽雅丰富，芬芳持久。

花蜜香：花香中有蜜糖香味。

松烟香：带有浓烈的松木烟香，为小种红茶的香气特征。

桂圆干香：似干桂圆的香。

焦糖香：烘干充足或火功高致使香气带有饴糖甜香。

地域香：特殊地域、土质栽培的茶树，其鲜叶加工后会产生特有的香气，如高山韵香、桐木关香等。

纯正：茶香纯净正常。

平正：茶香平淡，无异杂气。

香飘：香浮而不持久。

闷气：沉闷不爽。

青气：带有青叶气息，萎凋或发酵不充分的茶。

异气：茶香不纯，有酸、馊、霉、焦或其他异杂气。

（五）滋味评语

鲜爽：鲜美爽口，有活力。

爽口：有一定的刺激性，不苦不涩。

鲜甜：鲜而带甜。

鲜浓：鲜爽，浓厚而富有刺激性。

甜浓：味浓而甜厚。

甜醇：茶味尚浓带甜。

醇厚：入口爽适，回味有黏稠感。

浓强：茶味浓厚，刺激性强。

浓厚：入口浓，收敛性较强，回味有黏稠感。

醇和：茶味尚浓而平和。

甘醇：醇而回甘。

回甘：茶汤饮后，舌根和喉部有甜感和滋润感。

甘滑：顺滑回甘。

浓涩：富有刺激性，但带涩味，鲜爽度较差。

淡薄：茶味淡。

青涩：涩而带有生青味。

（六）叶底评语

红亮：红亮而乏艳丽之感。

鲜亮：色泽新鲜明亮。

柔软：细嫩绵软。

红匀：红茶叶底匀称，色泽红明。

红暗：红显暗，无光泽。

乌暗：叶片如猪肝色，为发酵不良的红茶。

乌条：叶色乌暗而不开展。

花青：带有青色或青色斑块，红里夹青。

叶张粗大：大而偏老的单片、对夹叶。

审评一款你喜欢的武夷红茶，给它打打分。

茶叶审评报告单

茶样名称：_____   茶样来源：_____

审评人员：_____   审评地点：_____

审评时间：_____   审评天气：_____

茶样	审评因子					
	外形	香气	汤色	滋味	叶底	总分

第二节　武夷红茶的日常品饮

一杯茶里有无限可能，有人与茶的互动，更有人与人的互动。三五好友，闲情幽坐，松风竹林，茶香飘逸，谈笑风生。一杯红茶，让人愉快放松，让人投入自然的怀抱，更拉近人与人的距离。平日里，不妨随时随地为自己冲上一杯武夷红茶，哪怕在纷杂的闹市中也可以享受片刻的宁静。日常冲泡红茶，需要掌握各个要素（见表3-4），就可以保证你手中这杯茶呈现其应有品质，满足你的味蕾。就武夷红茶而言，最佳茶具无疑是瓷器，精致的白瓷、红瓷、彩瓷盖碗或瓷壶都非常合适，可以衬托出武夷红茶高贵甜美的气质，品茗杯宜选择内壁白瓷的小杯，可以更好地衬托茶汤红艳的色泽。就水而言，宜选择"轻、清、甘、活"的软水泡茶，可以选择纯净水或矿泉水，品质较好的自来水也可以。如果水中的钙、镁、铁离子过高，茶汤易发苦发涩、色泽变暗，香气低沉，茶汤品质下降。

表 3-4　武夷红茶日常品饮参照表

茶叶	影响因素				
	器具	水	投茶量	泡茶水温	泡茶时间与次数
武夷红茶	玻璃壶（杯）瓷质盖碗或瓷壶泡茶机	矿泉水纯净水过滤自来水	以茶水比18/50 mL为参考，每次投入3 g红茶或者一个红茶包，实际情况可酌情增减	90～100℃，茶叶嫩度增高，水温应相应降低。如芽茶金骏眉水温宜为90℃，普通正山小种水温宜为95～100℃	冲泡1～2 min即可饮用，一般可以续水3次以上

一、大杯冲泡

大杯泡法乃生活中最常见的冲泡方法，冲饮最为简便，如图3-7所示。

第一步：烫具。选用日常水杯一个，200～300 mL，用开水烫洗。

第二步：投茶。武夷红茶2～3 g，此时投茶量较小，以避免茶叶长时间浸泡出现苦涩味。

第三步：注水。先注水至杯子约1/3处，让茶叶吸水，茶香散发，待30～60 s后再注水到杯子的七分满。

第四步：品茶。待茶叶完全下沉，水温稍降低时，即可品饮。

图 3-7　大杯泡红茶

二、过滤杯冲泡

如果想让茶汤滋味更加可控，多人或一人在办公室时，可选择带有过滤网的杯子或者飘逸杯，轻松分离茶汤，不容易出现苦涩，能更好地呈现红茶的香醇，如图3-8、图3-9所示。

第一步：烫具。用开水烫洗。

第二步：投茶。茶水比例参考1 g/50 mL。例如，300 mL的水杯加水到七分满（210 mL），投茶约4 g；如果饮茶人数众多，可以适当增加投茶量。

第三步：分汤。向杯中注水至七八分满，30～60 s后，分离茶汤。

第四步：品茶。待茶汤稍凉后饮用，或将茶汤分至品茗杯饮用。

图3-8　玻璃过滤杯

图3-9　飘逸杯

三、工夫冲泡

选用工夫茶具冲泡武夷红茶，选具精致，冲泡讲究，泡出的茶汤香气、滋味更佳，甜香、花香馥郁，滋味甜醇爽口，回味无穷，如图3-10所示。

第一步：烫具。选用瓷质盖碗或瓷壶等，用开水烫洗。

第二步：投茶。茶水比参考1 g/50 ml～1 g/30 ml，常规150 mL盖碗可投茶3～5 g。

第三步：润茶。向盖碗中注入 1/3 的水量，让茶叶吸水，释放香味。

第四步：冲泡。注入开水至盖碗七分满，约待 30 ～ 60 s 后出将茶汤过滤到公道杯中。

第五步：斟茶。将公道杯中的茶汤均匀分至各品茗杯中，仍遵循七分满原则。

第六步：品茶。端起品茗杯，观看汤色，细嗅茶香，感知茶味。

图 3-10　工夫茶艺

四、机器冲泡

消费者购买的茶叶大部分是在办公室和家里饮用的，但在办公室和家里，经常缺少会泡茶的人，这时泡茶机就是很好的选择。自 2010 年起，市场上陆续出现了多款泡茶机，如中国天泰乐泡的 Lepod（见图 3-11）、瑞士雀巢的 Special. T（见图 3-12）、英国立顿的 T.O（见图 3-13）和德国福维克的 Temial（见图 3-14）等。

图 3-11　乐泡 Lepod 智能泡茶机　　　　图 3-12　雀巢 Special.T 泡茶机

图 3-13　立顿 T.O 泡茶机　　　　图 3-14　Temial 泡茶机

（一）泡茶机的冲泡参数设计

一款好用的泡茶机通过应用高科技来实现人工泡茶的良好效果。通过科学合理的冲泡参数的设计来实现"看茶泡茶"是研发全自动高档泡茶机的核心技术，以乐泡智能工夫泡茶机冲泡参数设计为例：乐泡技术团队和安徽农业大学茶学国家重点实验室、国茶实验室等科研机构，正山堂、大益、因味茶等企业共同研究收集专业茶艺师冲泡各类茶品的数据；然后将数据输入系统，应用机器深度学习优化特定茶品的冲泡参数，从洗茶到不同道数的冲泡控制，再到每道的浸泡时间等；最终形成智能工夫泡茶机（Smart T-Master）算法表。

表 3-5　乐泡智能工夫泡茶机冲泡算法定义表　（单位：s）

冲泡模式 / 道数	第 01 道	第 02 道	第 03 道	第 04 道	第 05 道	第 06 道	第 07 道	第 08 道 及以后
Mod A1	0	0	0	0	0	0	0	5
Mod A2	0	0	0	0	0	0	5	10
Mod A3	0	0	0	0	0	5	10	15
Mod A4	0	0	0	0	5	10	15	20
Mod A5	0	0	0	5	10	15	20	25
Mod A6	0	0	5	10	15	20	25	30
Mod A7	0	5	10	15	20	25	30	35
Mod A8	10	10	15	20	25	30	35	40
Mod B1	15	0	5	10	15	20	25	30
Mod B2	15	5	10	15	20	25	30	35
Mod B3	20	0	5	10	15	20	25	30
Mod B4	20	5	10	15	20	25	30	35
Mod B5	25	0	5	10	15	20	25	30
Mod B6	25	5	10	15	20	25	30	35
Mod B7	30	0	5	10	15	20	25	30
Mod B8	30	5	10	15	20	25	30	35

注：1. 工夫泡的第一道，前面是泡茶时间，后面为出茶时间。上面图表中第 01 道—第 99 道，表示该道的泡茶时间。

　　2. 两道工夫泡之间的时间，称为驻停时间。系统会自动记录驻停时间，并减少后一道的泡茶时间。

　　3. 系统也会自动根据实际泡茶时间的长短，调整出茶时间。

（二）乐泡冲泡武夷红茶的应用

在温度控制方面，乐泡智能泡茶机能快速将水烧至 100℃，漩流注水和出汤同步进行，这样就能保证恒温的沸水持续对茶叶进行浸泡提取，从而有利于愉悦的高沸点香气物质的析出。大师杯可装完整条索的红茶 4.5 g，水温选择 90℃，选用工夫泡 Mod A6 模式，可冲泡 7 ～ 10 道，每道冲泡出的茶汤，其滋味和香气的协调性表现较好。

（三）机泡茶大战

2020 年 5 月 13 日，在武夷山香江茗苑举办了一场别开生面的"人机泡茶比赛"。比赛选用曦瓜大红袍、正山堂正山小种和金骏眉进行茶艺师冲泡与乐泡茶机冲泡的对比，每款茶冲泡六道，每两道茶汤合并分给评委们评定优次，评分规则：色泽 0 ～ 20 分，香气 0 ～ 40 分，滋味 0 ～ 40 分，然后按总分排名。比赛结果如表 3-6 和表 3-7 所示。

表 3-6　人机泡茶大战结果（冲泡茶品：正山堂正山小种）

	乐泡茶机	一号茶艺师	二号茶艺师	三号茶艺师
1 号评委	90.00	88.33	91.33	90.00
2 号评委	81.00	85.83	87.67	79.50
3 号评委	91.50	91.83	91.17	92.50
4 号评委	90.67	94.67	94.67	92.67
5 号评委	90.00	90.00	87.67	91.33
6 号评委	87.67	88.67	87.33	88.67
7 号评委	71.67	68.33	66.67	58.33
8 号评委	76.33	87.67	85.33	77.00
合计平均	84.85	86.92	86.48	83.75

表 3-7　人机泡茶大战结果（冲泡茶品：正山堂金骏眉）

	乐泡茶机	一号茶艺师	二号茶艺师	三号茶艺师
1 号评委	87.67	88.33	90.00	88.33
2 号评委	85.50	87.50	81.00	78.00
3 号评委	92.27	90.00	93.33	92.00
4 号评委	93.33	92.33	95.00	96.00
5 号评委	88.67	91.67	89.67	90.67
6 号评委	89.00	91.67	89.67	89.67
7 号评委	60.00	81.67	66.67	58.33

	乐泡茶机	一号茶艺师	二号茶艺师	三号茶艺师
8号评委	83.67	76.67	85.33	83.67
合计平均	85.01	87.48	86.33	84.58

　　从比赛结果可以看出，乐泡茶机冲泡正山小种和金骏眉均排名第三，和茶艺师冲泡的结果差距较小，能冲泡出品质较好且稳定的茶汤。比赛评委教授级高级工程师张士康说："这是对茶行业固有模式的探索创新，对此我十分支持。我觉得智能泡茶机与茶艺师不能互相替代，二者代表不同的消费诉求，并不矛盾。"乐泡茶机的研发者叶扬生说："今天的比赛证实了乐泡茶机的冲泡效果已经跻身专业茶艺师之列；后续我们将通过算法的优化和参数的配置，快速迭代进化。"咖啡机的出现促进了咖啡市场的快速发展，在未来，便捷的泡茶机同样也能促进茶叶市场的繁荣发展。

第三节　武夷红茶的特色调饮

　　红茶，顾名思义，叶红汤红，在六大茶类中，发酵程度较重，颜色较深。红茶在东西方都广受欢迎：东方清饮，甜醇温柔；西方调饮，醇厚醉人。红茶发源于中国，名声却远扬欧美，在他国落地开花，成为西方人生活中的必需品，受到全世界的喜爱欢迎，成为真正的"世界之饮"。

　　红茶，是世界上最浪漫的茶。由正山小种演变至今的武夷红茶，已由其松烟香、桂圆干香汤发展至多元口味。小种红茶的品饮方法也不断发展创新，变得丰富多彩，满足着一代代人挑剔的味蕾。酸如柠檬、甜如蜜糖、润如牛奶，调制红茶，皆成佳品。随着时代的发展，调饮已不再仅仅出现在西方的茶桌上，金骏眉掀起了国内清饮红茶热，而珍珠奶茶的诞生，则掀起了国内红茶调饮市场的又一个高潮，受到无数年轻人的迷恋。因此，调饮红茶已不再是西方的浪漫饮品，它已真正地进入国人生活，成为年轻人饮茶方式的优先选择。更多美味的调饮配方也被不断地研发出来，丰富了茶饮世界。

一、方案一：经典奶茶

　　原料与用具：武夷红茶5～10 g，鲜牛奶，方糖或蜂蜜少许，时尚玻璃杯1只。

步骤①：将武夷红茶用沸水冲泡5 min，然后滤去茶渣，保留茶汤备用。

步骤②：将方糖、蜂蜜、牛奶置于玻璃杯中，然后加入茶汤，一般茶水与奶的比例在4:1左右，再用汤匙搅拌均匀，即可品饮。根据个人口味，可以调整奶、糖与茶水的比例。

二、方案二：升级奶茶

（一）珍珠奶茶

原料与用具：武夷红茶5～10 g，鲜牛奶，红糖或白糖少许，食用珍珠若干，时尚玻璃杯1只。

步骤：选用一个小锅，将红茶倒入，加入300 mL水，煮沸，加入牛奶、糖、食用珍珠，再次煮沸，直到奶香浓郁。如果特别喜欢牛奶，也可以不加水，直接用牛奶熬煮红茶，然后加糖与珍珠，则茶香奶香更加浓郁。

珍珠奶茶如图3-15所示。

图3-15 珍珠奶茶

（二）红茶拿铁

原料与用具：红茶 3 g，鲜牛奶 100 mL，白砂糖适量，打泡器 1 个，单耳茶叶 1 只。

步骤①：将 150 mL 清水注入壶或锅中，煮沸后加入红茶再烹煮 4 ～ 5 min。

步骤②：将牛奶加热至 70 ℃后用打泡器打成奶泡。

步骤③：将茶汤中的茶叶用茶滤滤去，将茶汤注入温过的茶杯中，将奶泡淋于茶汤表面。

步骤④：饮用时根据个人口味加入适量白砂糖搅拌均匀即可。

也可以在茶汤表面以牛奶拉花，更为赏花悦目。

三、方案三：水果红茶

在炎炎的夏日，选用时令的新鲜水果，配上一杯红茶，再准备适量的碎冰、白砂糖或蜂蜜，让你的夏天多一丝凉爽。

（一）柠檬冰红茶

以最常见的柠檬红茶为例。

原料与用具：准备新鲜柠檬片 2 片，武夷红茶 4 g 或红茶包 1 个，开水、冰块若干，蜂蜜少许，高脚杯 1 只。

步骤①：将武夷红茶用沸水冲泡 2 ～ 3 min，然后滤去茶渣，保留茶汤备用。

步骤②：将茶汤倒入玻璃高脚杯中，加入 1 片柠檬、1 匙蜂蜜、冰块若干。另一片柠檬放在杯口用于装饰，让你在炎热的夏日顿生一丝清凉感。

此处的柠檬也可以选择西柚、金橘等替代，滋味同样酸甜鲜爽、清清凉凉。若将水果换为百香果，则茶汤香气更加迷人丰富；若是换成荔枝，荔枝的甜香加上红茶的香醇，更是醉人。

（二）夏日茶果缤纷

原料与用具：小赤甘 3 g，时令水果（如苹果、草莓、猕猴桃、苹果、菠萝、樱桃、哈密瓜、百香果等）50 g，白砂糖 5 g，碎冰块适量，玻璃杯 1 只 / 套。

步骤①：将红茶以 150 g 清水烹煮 5 min 左右，滤去茶叶冷却待用。

步骤②：将水果切成小丁。

步骤③：将茶汤注入玻璃杯中，加入白砂糖搅拌均匀后加入水果丁。

步骤④：将冰块加入杯中，略加搅拌即可，也可以在杯口加上水果装饰。

夏日茶果缤纷如图 3-16 所示。

图 3-16　夏日水果红茶

四、方案四：暖冬红茶

（一）姜黄奶茶

原料与用具：姜黄 3 ～ 5 g，武夷红茶 5 g，鲜奶约 60 mL，方糖适量。

步骤①：将武夷红茶用 250 mL 沸水冲泡 5 min，然后滤去茶渣，保留茶汤备用。

步骤②：向茶汤中加入姜黄一小匙、鲜奶约 40 ~ 60 mL、方糖适量，用茶匙搅拌均匀，即可饮用。

（二）桂圆红枣茶

正山小种茶汤甜醇，似桂圆干香。湿冷的天气，一杯小种茶，再加上几颗桂圆、红枣，香中带甜、甜中透香，让你的冬天顿感温暖，如图 3-17 所示。

原料与用具：正山小种 5 g，桂圆干 5 粒，红枣 2 粒，250 ~ 300 mL 大茶杯 / 大茶碗。

步骤：将正山小种红茶、桂圆干、红枣，放进大茶杯 / 大茶碗中，用沸水冲泡 2 min，然后滤出茶汤饮用。可加水 2 ~ 3 次。

图 3-17　桂圆红枣茶

五、方案五：泡沫红茶

红茶汤中含有茶皂素，经振荡后会形成丰富的泡沫，盛于玻璃杯中层次分明，茶汤的艳丽与细腻的泡沫相映成趣，色香味俱佳。将冲泡的红茶茶汤倒入调酒器，加上蜂蜜等配料，上下左右摇动几十下，注入玻璃杯中以供饮用。

原料与用具：武夷红茶 5 g，可可粉适量，蜂蜜适量，调酒器 1 个，玻璃杯 1 只。

步骤①：将约 250 mL 清水煮沸后加入武夷红茶，焖煮约 5 min 后，滤去茶叶，自然冷却。

步骤②：在调酒器中加入 1/3 到 1/2 体积的碎冰块，依次加入可可粉和蜂蜜。

步骤③：将冷却的茶汤注入调酒器，盖上盖子，疾速摇晃 30 ～ 40 下。

步骤④：将摇好的充满泡沫的茶汤注入玻璃杯，插上吸管即可饮用。

六、方案六：冰激凌红茶

原料与用具：奇红 3 g，冰激凌球 1 只，鲜牛奶 30 mL，蜂蜜 1 茶匙，碎冰块适量，玻璃杯 1 只。

步骤①：将红茶以 100 mL 沸水冲泡，焖泡 3 分钟后滤去茶叶。

步骤②：将茶汤注入杯中，加入蜂蜜调匀后自然冷却。

步骤③：将碎冰加入杯中，使之与茶汤混合达到玻璃杯容量的七成满即可。

步骤④：最后加入冰激凌球，将牛奶缓缓注入后，插上吸管柄茶匙即可。

七、方案七：时尚茶酒调

原料与用具：小赤甘 3 g，朗姆酒一小盅，鲜柠檬 1 片，蜂蜜 1 茶匙，碎冰块适量，玻璃杯 1 只。

步骤①：将小赤甘红茶以 100 mL 沸水冲泡，焖泡 3 min 后滤去茶叶。

步骤②：将茶汤注入杯中，加入蜂蜜调匀后自然冷却。

步骤③：将碎冰加入杯中，使之与茶汤混合达到玻璃杯容量的七成满即可。

步骤④：最后加入新鲜柠檬片，再用柠檬片做一个杯沿造型，插上吸管饮用即可。

茶酒调饮——小莓好如图 3-18 所示。

图 3-18 茶酒调饮——小莓好

第四节　武夷红茶的游学设计与体验

通过一杯武夷红茶可以感知杯中山水。对武夷红茶爱好者而言，可以选择集中性的游学体验，在较短的时间内初步掌握武夷红茶的基本知识。在游学方案设计上，可以通过武夷红茶理论知识框架的构建与学习、走进武夷红茶产区与茶企进行体验学习、设计不同主题的武夷红茶感官品质认知学习等方式加深对武夷红茶相关知识的理解与把握。

一、武夷红茶理论知识框架体系的构建与学习

茶学是研究茶树生长、发育规律与环境条件的关系及其调控途径，茶叶品质形成机理与工艺条件的关系及其调控方法，茶的活性成分功能及其功能化开发，茶产业中经济关系发展和经济活动规律的学科。茶学主要涉及三个范畴：自然科学、经济学、文化学。茶学的自然科学范畴涉及茶树种植、茶叶加工、茶叶检测与审评、茶的综合利用、茶医药和保健等。茶学的经济学范畴涉及茶企业的经营管理、茶业经济、茶馆经营管理等。茶学的文化学范畴涉及茶艺、茶的历史、茶的文学、茶的宗教、哲学、茶俗等。茶学的自然科学、经济学、文化学范畴三者相互联系，自然科学范畴是后两者的物质基

础和科学原则，经济学范畴为茶学的发展提供经济基础和可持续发展的动力，文化学范畴则是茶学发展的高级形态，其内涵和意义是深刻的。

基于茶学学科的框架体系，构建武夷红茶理论知识框架，对于学习武夷红茶能起到事半功倍的效果。具体可以设计对武夷红茶的历史、栽培、种质资源、加工、审评、茶艺、经济等专题的学习，如表3-8所示。

表3-8　武夷红茶专题理论知识学习纲要表

序号	专题理论知识名称	学习内容	重点掌握知识要点
1	武夷茶文化	武夷茶文化与历史	武夷红茶的起源与发展，武夷茶文学，武夷茶的饮用历程，茶具文化，现代茶文旅产品等
2	武夷红茶的栽培与种质资源	武夷红茶的生态与环境，茶园种植与管理，茶树种质资源等	武夷红茶茶园管理方法，武夷红茶群体种的植物学性状，桐木生态环境对茶树生长及品质的影响等
3	武夷红茶的加工	武夷红茶的加工原理、加工工艺及技术流程等	武夷红茶的采摘标准，武夷红茶的初制与精制，加工工艺对品质的影响等
4	武夷红茶的审评	武夷红茶的品质特点与成因	武夷红茶品质的成因分析，武夷红茶不同产地、不同产品和不同年份的感官品质特征等内容
5	武夷红茶的茶艺	如何泡好一杯武夷红茶，如何享受一杯武夷红茶	武夷红茶的冲泡技艺，对茶、水、器、境、艺、品不同要素的理解等
6	武夷红茶的经营	武夷红茶的经济学、管理学知识	武夷红茶的品牌建立，市场营销、供应链管理、茶馆经营模式，武夷红茶的发展趋势等

二、走进武夷红茶茶区与茶企进行体验学习

体验者通过走进武夷红茶产区与茶企进行体验学习，能更好地建立地域特征、工艺特征与品质之间的关联。具体的武夷红茶产区体验学习的线路设计，如走进桐木关、参观桐木自然博物馆和红茶博物馆、考察桐木茶山、进入"青楼"体验武夷红茶加工环境与工艺、入住茶主题民宿酒店、举办户外茶会等，如图3-19至图3-26所示。

（一）走进茶园生态环境与茶企

实地考察武夷红茶的生长环境，以了解武夷红茶茶树种质资源的植物学性状和形成武夷红茶独特高山韵的物质基础。参观武夷红茶茶企及"青楼"，体验武夷红茶加工工艺与品质间的关联，进而加深对武夷红茶品质成因的理解。

图 3-19 桐木关

图 3-20 桐木自然风景

图 3-21 武夷山自然博物馆

图 3-22 武夷山自然博物馆蝴蝶标本

图 3-23　桐木茶园自然植被　　　　　　　　　　　　　　　　　图 3-24　桐木茶园自然植被

图 3-25　走访桐木茶山

图 3-26 参观"青楼"

（二）入住茶主题民宿酒店

通过入住武夷山茶主题民宿酒店，体验武夷茶生活，从而更好地认识和感受武夷山茶文化，领略武夷红茶的独特魅力。图 3-27 至图 3-30 展示了武夷山代表性茶主题民宿酒店：一同山居茶印象美学酒店。

图 3-27　一同山居茶印象美学酒店茶室

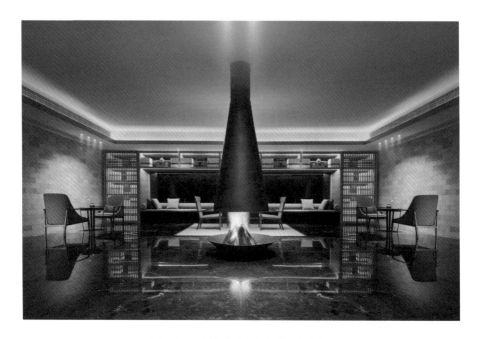

图 3-28　一同山居茶印象美学酒店茶书吧

图 3-29　一同山居茶印象美学酒店客房

图 3-30 一同山居茶印象美学酒店空中花园景观

三、武夷红茶感官品质的认知与学习

学习武夷红茶，不仅要了解武夷红茶的产品分类，还要分析武夷红茶的生长环境、制作工艺、贮藏年份等要素对武夷红茶的品质影响。武夷红茶的品质认知学习可以通过设计武夷红茶代表性主题学习，结合专业的审评与品鉴方法，拉近专业审评与大众识茶的距离，启发体验者从不同的角度来认识武夷红茶的品质，从而加深对武夷红茶品质的认识。下面介绍三种武夷红茶的感官品质认知主题学习方法。

（一）武夷红茶产地识别法

设计主题为识别不同产地，如正山金骏眉、外山金骏眉，如表 3-9、图 3-31、图 3-32 所示。

表 3-9 不同地域金骏眉品质特征

序号	产品	外形	汤色	香气	滋味	叶底
1	正山金骏眉	芽头细秀卷曲，乌黑润带金毫	橙黄明亮	花果蜜香，细腻持久	甜爽，米汤感	红亮挺拔匀齐
2	外山金骏眉1号	芽头肥壮微卷，乌黑带金毫	橙黄	花香高	甜醇微涩	红较亮匀齐
3	外山金骏眉2号	芽头细秀，金毫密披	橙红	薯香	平和	红较绵软亮匀齐

图 3-31 不同地域金骏眉干茶图

图 3-32 不同地域金骏眉汤色与叶底图

（二）武夷红茶产品识别法

设计主题为识别不同产品，如正山小种、烟小种、金骏眉，如表 3-10、图 3-33、图 3-34 所示。

表 3-10 武夷红茶代表产品品质特征

序号	产品	外形	汤色	香气	滋味	叶底
1	正山小种	条索紧结乌润	橙红明亮	松烟香显，甜香	甜爽，桂圆汤味明，高山韵显	柔软，呈古铜色
2	烟小种	条索紧实乌黑	红明亮	松烟香浓	浓醇，桂圆汤味明	较柔软，古铜色稍暗
3	金骏眉	芽头细秀卷曲，乌黑润带金毫	橙黄明亮	花果蜜香，细腻持久	甜爽，米汤感	红亮匀齐

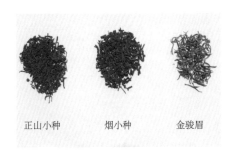

正山小种	烟小种	金骏眉

图 3-33　武夷红茶代表产品干茶图 　　　图 3-34　武夷红茶代表产品汤色与叶底图

（三）武夷红茶陈茶识别法

设计主题为识别不同年份的正山小种，如 2019 年正山小种、2015 年正山小种、2009 年正山小种，如表 3-11、图 3-33、图 3-34 所示。

表 3-11　不同年份的正山小种品质特征表

序号	年份	外形	汤色	香气	滋味	叶底
1	2019	条索紧结乌润	橙红明亮	松烟香显，甜香	甜爽，桂圆汤味明，高山韵显	柔软，呈古铜色
2	2015	条索紧实乌润	红明	桂圆干香显，松烟香尚显	甜醇，桂圆汤味显	较柔软，古铜色稍暗
3	2009	条索紧实乌黑	红浓明	桂圆干香、枣香显，松烟香低	陈醇，桂圆汤味显	较柔软，古铜色稍暗

2019年	2015年	2009年

图 3-35　不同年份正山小种干茶图 　　　图 3-36　不同年份正山小种汤色与叶底图

第四章 武夷红茶茶席与茶艺

· 精彩茶席设计
· 典雅传统茶艺
· 时尚创新茶艺

第一节　精彩茶席设计

一、茶席设计内涵

茶席，是喝茶、品茶的环境布置，以雅化环境、增加品饮情趣。我们平日喝茶的茶桌或房间，就是一个简易的茶席。茶席之美并不在于器物的华贵，而在于恰到好处，它体现了茶艺主人的个人审美与关怀。茶席设计也要体现出生活性与艺术性，服务于茶与生活，如图4-1所示。

此外，茶境的营造也不可忽视，环境能够帮助烘托茶艺气氛、渲染茶艺主题，同时也能帮助人陶冶情操、净化心灵。宋代文士生活流行点茶、插花、焚香、挂画，明代许次疏提出，品茶环境宜明窗净几、风日晴和、小桥画舫、茂林修竹、课花责鸟、荷亭避暑、小院焚香、清幽寺院、名泉怪石。因此，在茶艺操作过程中，对环境的选择、营造不可忽视。茶艺表演若是在室外进行，可以利用自然环境作为背景；若是在室内进行，则需要人工雅化环境，利用中式屏风、玄关、挂画、绿植盆景或者插花、室内庭院等作为背景环境，同时配以中式古典音乐，使茶室环境洁净清雅，适于品茗交流。

图 4-1　红茶茶席

二、茶席设计组成要素

设计生活茶席，须考虑茶具组合、铺垫、插花、挂画、茶点、背景装饰等多个要素。确定好此次冲泡的茶品、品茗的环境和人员，以及此次茶会的目的之后，我们就可以着手设计茶席。

（一）茶具组合

在茶席设计中，茶是灵魂，茶具是主体。茶具是整个茶席的视觉中心，常见的茶具有煮水壶、陶瓷盖碗、紫砂壶、公道杯、白瓷品茗杯（见图 4-2）等，还有一些如茶荷、茶仓、水盂、茶巾等辅助茶器，它们往往组合成一个整体出现在茶桌上。在武夷红茶茶艺中，盖碗使用最为常见。盖碗是东方审美智慧的体现，蕴含天、地、人合一的寓意，是典型的中式传统器型。红茶茶席设计上，如果在冬季，茶席可以整体选择暖色调，营造温暖的气氛，采

图 4-2　白瓷茶具组合

用彩瓷盖碗，配以玻璃公道杯和品茗杯，这样可以充分将红茶迷人的色、香、味展现出来。如果在夏季，茶席整体的色调可以更加清爽淡雅，可以选择白瓷或者白瓷上绘有清雅纹饰的盖碗，玻璃盖碗也是一种不错的选择。红浓的茶汤似夏日般热情，如果要冰凉一些，则可以配一些冰块和柠檬。此外，精致的瓷壶也是不错的选择，如欧式的瓷壶，可以营造出浪漫华贵之感。午后与友人的相聚，一套欧式瓷质茶具，搭配上香醇的红茶，主人的热情尽显其中。

（二）席布铺垫

铺垫的色彩和材质通常奠定了茶席的主基调。可以选择的质地有棉、麻、丝绸、竹编等编织类的材料；也可以取材于自然，用树叶、石块等作为铺垫；还可以根据桌面自然的纹理不用铺垫，如一些实木的泡茶桌或大理石的桌面本身就是很好的铺垫。武夷红茶性温活泼，加之茶汤金黄或橙黄透亮，人们

图 4-3　茶席《毕加索的下午茶》

常喜欢挑选暖色的茶席布，如温暖的红色（粉红、玫红、橙红、中国红、紫红等），浪漫的金色（黄色、橙黄、橙色等），神秘的紫色，等等，如图 4-3 所示。此外，清凉且中性的白色、灰色也是绝佳选择，而黑色、藏青、深蓝等偏沉重的颜色在使用时需要慎重，应根据具体情况进行选择。

（三）插花

花，是美的象征，是健康向上的标志。爱花、赏花是古今人群共同的兴趣和爱好。不同的节气，盛开有不同的花卉，品饮不同的茶类，能充分感受大自然的美丽与变化。茶桌上的插花宜就近取材，选择当下的时令花材，增添一份自然的亲近感。春季，李白桃红，山野的迎春花、丁香花、杜鹃花、兰花都开了，花园里的水仙花、郁金香、风信子、杜鹃花也开了，河岸边的

图 4-4　野趣（碗花）

柳条抽出新芽，小草破土而出。夏季，荷花、百合花、太阳花、栀子花、夜来香、薰衣草、茉莉花等在阳光下怒放，大自然色彩斑斓、热闹非凡。秋季，菊花开了，橘子黄了，水稻熟了，苹果红了，桂花香了，秋叶红了，一片收获喜庆的氛围。冬季，梅花、冬青、山茶、一品香等仍迎雪傲霜开放，松柏依旧常青。

　　在武夷山水之间，来自山间的杜鹃、野百合、兰花，甚至一丛菖蒲，都能给茶席增色不少，经常成为茶室的座上宾。茶室插花，需花之真，求花之形，重花之意，花要与茶相得益彰。茶人往往将个人的意愿、情思、趣味融进几枝花材的组合中，追求淡泊明志、宁静致远、怡然自得的精神境界，如图 4-4 所示。

（四）挂画

　　在茶席背景或者茶艺空间的墙、屏风上悬挂或者悬空吊挂的书法、字画，统称为茶席挂画，它是塑造品茗环境氛围或表达茶艺思想的一种方式，

图 4-5　茶席背景挂画，表达此席的意境

如图 4-5 所示。崇尚自然、热爱生活、美化心灵，这既是中国茶席挂画的内容，也是中国茶人的茶道秉性。茶艺演示或茶室的书画内容以中式书法、绘画为主体，偶尔有一些其他元素。茶室中最常见的绘画内容主要是松、竹、梅、兰，山水画，以及花草虫鱼等自然景观，整体清新淡雅，与茶相宜。茶艺书画看似简单，其实也是一种艺术，需要审美眼光和艺术情趣。茶席挂画要注意形式和布局选择，要看场合和场地，要注意内容的选择，还要注意茶席挂画与插花和其他物品的搭配。茶艺书画在选择时，整体需符合适时性、适地性、适宜性。

（五）茶点

茶点是对饮茶过程中佐茶的点心、小吃等食品的统称，如图 4-6 所示。茶点按性质划分为两类：一是纯粹佐茶的点心、小吃等，二是原料中含有茶元素的点心、小吃等食品。茶点在饮茶过程中食用，一来防止茶醉，适当补充血糖；二来特色茶点与所泡茶叶形成互补，能更好地衬托茶的风味和地方饮茶文化，如日本茶会中的"怀石料理"、英式下午茶的点心；三来增加饮茶乐趣，使得饮茶内容丰富化，为饮茶增加情调。现代茶点整体分量少，体积小，注重色彩、造型和风味，外形精巧，口感较为清雅，追求品质与健康。现代茶点可选择范围广，种类丰富，口味多样，中西融合。武夷红茶滋味甜醇爽口，香气甜蜜，一些甜度、软硬度适中的蛋糕、糕点、果脯或者水果沙拉与之搭配，不仅丰富了品茶，也使我们的生活更加甜蜜滋润。

早餐后或午餐后的一杯武夷红茶，不仅可以让我们的一天从甜蜜中开始，也可使我们的身体更加充满活力，元气满满地过完这一天。

图 4-6　缤纷茶点

（六）背景装饰

在茶艺活动中，除了必要的茶席设计、服饰、音乐、点心等，常常还会通过茶艺演示的背景来帮助完成茶艺主题的表达。例如，在设计表达自然山水的茶席时，如果没有条件在室外完成，常在室内设置屏风、山石、绿植盆景等背景，一些文士茶席常以文人的书房或者文人喜爱的松、竹、梅等作为背景，以表达文人的志向。常见的以自然为背景，以山水、植物、假山、建

图 4-7　室外自然背景

图 4-8　室内设计背景

筑等作为茶席演示的天然背景，寄情山水，品茗天地间，这是一种最理想的品茗境界（见图4-7、图4-9）。此外，人工造景，即将自然山水、植物等搬于具体的某一空间，或者利用屏风、植物、书画、灯光、竹席、盆景、刺绣、画帘等物品，人工设计茶艺演示背景，也可以帮助完成茶艺主题的表达，提升表达效果（见图4-8）。现代多媒体也是一种对人工造景的补充，它利用文字、图像、动画、声音和视频等多种媒体效果，是动态茶席背景的一种全新尝试。多媒体背景信息丰富，突破了实物背景的限制，可以帮助传达茶艺主题，提升茶艺艺术感染力，也是现代常见的背景形式。

图4-9　茶席《品茗山水间》

（七）其他装饰

除茶具、茶服、铺垫、插花、挂画、茶点、背景装饰、茶品、音乐等重要元素外，一些其他装饰艺术品也是茶席上常见的摆设。不同的艺术陈列、工艺品搭配，会影响人的观赏心情，间接影响人的品饮感受。

不同的装饰艺术品与主器物巧妙结合，往往会引发一个个不同的故事联想，使不同的人产生相同的共鸣，对茶席主题的烘托起到画龙点睛的作用。但是，装饰品的数量不可过多，否则会淹没主器物，无法突出重心；色彩上，需要与整体相融；物件的选择上，不可与主题毫无关系。因此，在茶席设计上，装饰艺术品的选择需要与整体茶席、茶室环境相融合，不能产生强烈冲突。例如，武夷学院学子茶席作品《与茗师同行》，讲述了一中原姑娘来到南方学茶成长的过程，使用了图书、石子作为装饰，并在延出的席布上用石子铺出一条路，以表现她学习的过程，成长的路径。

三、茶席设计作品

（一）茶席《喜茶》

我国自古有在婚礼中敬茶的习俗，明代郎瑛《七修类稿》记载："种茶下子，不可移植，移植则不复生也，故女子受聘，谓之吃茶。又聘以茶为礼者，见其从一之义。"茶被认为代表婚姻生活中的"从一而终"。红茶，又以其温暖甜蜜、活泼浪漫的气质，格外受到恋人的喜爱。茶席《喜茶》（见图 4-10）的设计思路即来源于传统婚礼敬茶的礼俗。

图 4-10　茶席《喜茶》

以茶为席，以茶鉴喜，凝聚着穿越千百年历史长河的祝福与企盼。选用温暖香浓的正山小种作为茶品，大红艳丽的垫布、"囍"字与宫灯，为茶席晕染了浓浓的喜庆色彩，绽放的百合花代表结发夫妻百年好合，食盒中的红枣和栗子，则寓意"早生贵子"，都是中国人对新组成的家庭最朴素也最真诚的祝愿。此外，选用了地方特色茶具建盏，建盏具有"入窑一色，出窑万彩"的活泼灵动，正符合新人对平凡生活中精彩和喜悦的期待。

（二）茶席《夏之荷，女如茶》

红茶滋味甘甜、香气弥漫，正如盛夏绽放的莲花，色彩鲜丽。25岁的女子青春靓丽，与夏荷散发出的淡淡清香相得益彰，令人陶醉、心旷神怡。爱情是25岁的女子最美好的体验和向往，在清晨，以荷花茶盏盛上一杯金黄透亮的红茶，雾气慢慢散去，太阳的光线隐隐约约，冲开的红茶的花果香与荷的清香慢慢交融，小酌一杯，甘甜鲜美，这应该就是爱情的味道，这种味道应该叫你侬我侬、风雨相随、不离不弃。茶席《夏之荷，女如茶》如图4-11所示。

图4-11　茶席《夏之荷，女如茶》

（三）茶席《幸福》

一壶甜香馥郁的红茶，一碟母亲为女儿亲手做的慕斯蛋糕，一盆女儿认真为母亲插的康乃馨花束，母亲脸上的笑容尽显甜蜜幸福，母女之间的浓浓情意于一席茶中流露无遗。茶席《幸福》如图 4-12 所示。

图 4-12　茶席《幸福》

（四）茶席《梅韵茶香》

我心悠悠，品茗悟理。在暗香浮动中，为自己寻找一片安静的天空，让茶的清香浸润心田，用心感悟红茶所蕴含的人生中的平和、宁静中的幽远。茶席《梅韵茶香》选用梅花红色盖碗，配以相应瓷杯，色泽整体以玫红色调为主，以亚麻白布为底，叠铺有民族风格的铺垫。整体设计简单大方，突出以茶为乐的自在心境。"尽日寻春不见春，芒鞋踏破岭头云。归来偶把梅花嗅，春在枝头已十分。"吾素喜茶，以茶会友，清茶一盏，赏梅品茶，消得万般烦忧。偷得浮生半日闲，一起吃茶去也！茶席《梅韵茶香》如图 4-13 所示。

图 4-13　茶席《梅韵茶香》

（五）茶席《遇见》

当东方的小种红茶，遇上西方的浪漫，搭配着精致的骨瓷茶壶、甜蜜的方糖、丝滑的牛奶、精美的蕾丝桌布，尽显英式红茶之优雅。在英国的茶杯里，是东方与西方的相遇，是中国与世界的重逢。端起茶杯来，欢喜、期待；品饮茶汤，甜蜜、幸福；放下茶杯，余韵悠长。愿茶香弥漫，岁月静好。一杯茶汤，温暖东西。茶席《遇见》如图 4-14 所示。

图 4-14　茶席《遇见》

第二节　典雅传统茶艺

　　品茶，是东方人诗意的生活方式。茶艺，是美好生活的艺术，它表达了一个人对茶的理解、对生活的热爱。传统茶艺（见图4-15）因其经典、优雅，不论时代如何发展，始终保持着无限的吸引力，受到一代代中华儿女的喜爱，在新时代下更是焕发出新的活力。

图 4-15　经典传统茶艺

一、茶艺定义

茶艺是在茶道基本精神指导下的茶事实践,是泡茶的技能、品茶的艺术以及茶人在茶事活动过程以茶为媒体去沟通自然、内省心性、完善自我的心理体验。茶艺是对整个品茶过程美好意境的高度概括,其过程体现出形式和精神的相互统一,是在饮茶活动过程中形成的文化现象。茶艺要求精茶、真水、妙器、湛技,四美荟萃,相得益彰。

选茶、择水、备器、雅室、冲泡、品尝是茶艺的基本程序,冲泡武夷红茶也不例外。茶人需要通过自己的专业训练,选择优质的茶品与最适泡茶之水,同时根据茶品、环境、喜好及客人数选择最佳的茶器,这些都体验了茶人的素养与用心。茶品要展现出最好的色香味,不仅需要茶人的专业,也需要茶人的用心。同时,冲泡与品尝也是一段极美的艺术享受与心理体现过程,客人从一杯茶汤中可以体会到主人的心意,可谓一杯茶汤见人情。

二、茶艺要领

武夷红茶滋味醇甜爽口,香气纯正,似花似蜜,具有独特的高山韵。武夷红茶冲泡方式多样,国内茶客自是多喜爱清饮,而青少年或国外茶客则钟爱调饮红茶。

(一)茶具选择

为突显武夷红茶的优秀品质,在冲泡时壶具以瓷器为佳,盖碗、瓷壶、瓷杯都是最常见的选择。冲泡出的茶汤香气四溢、滋味醇爽、汤色剔透,十分可人。为更好地显出红茶琥珀般的汤色,以公道杯为代表的玻璃茶具也成为现代人的常见选择。此外,紫砂壶、柴烧壶、建盏材质的茶具在冲泡传统正山小种与陈年红茶时,泡出的茶汤更加醇厚柔软,也受到老茶人的青睐。典型红茶茶具如图 4-16、图 4-17 所示。

图 4-16　红茶茶具

图 4-17　红茶茶具

（二）茶水比例

为保障茶汤甜醇爽口、茶香纯正饱满，茶水比例在 1 g / 50 mL～1 g / 30 mL 之间，浓淡可根据自我口感调整。在福建、广东等传统工夫茶区，茶客多好饮浓茶，喜爱醇厚的口感，而在浙江、江苏、上海、北京等地，茶客普遍喜爱淡茶的甜润口感。

（三）泡茶温度

除金骏眉、银骏眉外，武夷红茶整体原料选择较成熟，泡茶水温应为95～100℃，以现烧开水为最佳。为保持冲泡过程中的温度，茶器须先烫洗。金骏眉采用高山单芽发酵制作，原料细嫩，品质优秀，一般水温控制在90～95℃，滋味更加鲜爽醇和，香气呈现细腻的花果香，耐泡度也更高些。

（四）注水方式

水流的急缓主要影响滋味、香气和汤感之间的协调关系。红茶追求香高味鲜醇，因此，泡茶时可采用悬壶高冲的手法，充分激发茶香释放茶味，再采用低斟的手法分茶，以更好地保留茶香。

（五）浸泡时间

武夷红茶因经过发酵、揉捻工艺，滋味容易浸出，喜爱淡饮的茶客要学会茶汤分离，注水后茶汤及时从茶壶中分离到公道杯、品茗杯中。通常，前三泡浸泡时间约为30 s，否则易造成滋味浓酽，之后，每一次出汤相比前一泡延长20～30 s。喜爱浓饮的茶客，前三泡出汤时间可以延长到1 min，之后，每一次出汤相比前一泡延长30～60 s。如采用北方大杯泡法，茶叶直接放在杯中，通常难以茶水分离，茶汤的浸泡时间相对较长，此时茶叶不妨少投一些，泡出的茶汤虽少了一份鲜爽，但茶汤更加醇厚甜润，也别有一番风味，如图4-18所示。

（六）品饮方法

要充分感受红茶的香甜，可趁热品饮，小口细啜，先嗅香观色再尝滋味。不要急于咽下茶汤，而应吸气，让茶汤在口腔中充分打转，使得与味蕾接触，再慢慢咽下，细细感受茶汤的香甜醇厚、生津回甘和独特韵味。对于年轻人而言，在红茶中加入冰块或者冷后的红茶也别有一番美味，甘醇爽口，生津回甘。

图4-18 红茶茶汤

三、传统茶艺流程

红茶因其馥郁的香气、红艳的汤色、醇厚的口感而受到世界各地人们的喜爱，成为全世界最流行的健康饮料之一。武夷山是世界红茶的发源地，产自桐木关的正山小种红茶是世界红茶的鼻祖。红茶传统茶艺如下（见图4-19）。

1. 清泉初沸

汲来武夷山中泉水，用炉火煮沸烹茶待客来。正山小种水温通常应在95～100℃。

2. 温热杯盏

将初沸之水注入盖碗及品茗杯，为茶具升温，诱发茶香。

3. 鼻祖出迎

正山小种是红茶的鼻祖，其条索紧结，色泽乌黑润泽。在加工过程中，因采用当地松树熏焙，具有独特的松烟香。鼻祖出迎，即出示正山小种给茶友观赏。

4. 鼻祖入宫

用茶匙将茶荷中的小种红茶轻轻拨入盖碗中。

5. 悬壶高冲

冲泡正山小种的水温应为95℃，高冲可以让茶叶在水的激荡下充分浸润，利于色、香、味的充分发挥。

6. 玉液移壶

将泡好的茶汤移入公道杯中，以使茶汤均匀。

7. 分杯敬客

用循环斟茶法，将壶中之茶均匀地分入每一杯中，使杯中之茶的色、味一致。

8. 喜闻幽香

正山小种气味芬芳浓烈，具有独特的松烟香。

9. 观赏汤色

正山小种的汤色红明透亮，杯沿有一道明显的"金圈"。

10. 品味真味

正山小种滋味醇厚鲜爽,似桂圆汤,回味绵长。品饮讲究细饮慢品,徐徐体味茶之真味,方得茶之真趣。

11. 收杯谢客

祝福大家的生活像这小种红茶一样芳香持久,回甘无穷!

图4-19 红茶冲泡

第三节　时尚创新茶艺

文明因交流、互鉴而发展。中国正敞开大门，迎接世界各国的友人，古老的东方文化也在新时代的机遇中焕发出新的活力。创新成为一个时代的声音，传承、创新，古老的东方文化在传承中创新，在创新中继承与前进。

自20世纪80年代，茶艺在中国蓬勃发展，成为中国茶文化和茶产业发展的巨大推动力。随着时代的发展，茶艺创新一直受到重视，社会各界创作了不少优秀的茶艺作品，让我们感受到多重的茶艺形式，丰富着我们的视觉感官。茶艺是在泡茶的基础之上，用艺术表现的方式手法，实现茶的泡饮审美。因此，在茶艺的创新过程中，理解茶艺的内涵是前提条件。茶艺追求茶人之技艺精湛娴熟与一杯高品质的茶汤，希望呈现出茶汤之美、茶器之美、茶礼之美、茶人之美和茶境之美。生活美学从茶艺开始，茶艺之美体现在茶具选择、茶席设计、技艺冲泡等全过程，它需要茶人的精心投入，是茶人审美与生活态度的体现，具有较高的艺术性。在创新过程中，茶艺形式百花齐放，但皆不可忘却茶文化之初衷，须注重内涵与意境的表达，并遵循茶文化之和静怡真，传达中国文化的精致与美好。"和"是中国文化的精髓，在茶艺创编中，作品需要达到人、茶席、动作、服装、音乐、语言、环境的和谐设计，为表达茶艺主题思想服务，替茶人说话。

一、茶艺《梅花三弄》

（一）创新思路

创新茶艺《梅花三弄》，茶品乃红茶精品——金骏眉，音乐选用古琴名曲《梅花三弄》，因与梅有关，同时创编者也极其欣赏梅的傲骨和雅韵，故得此名。该作品为武夷学院选送的全国大学生茶艺大赛作品，作者从小习琴，大学学茶，对于古琴与茶道都有深厚的情感与独到的感悟。该茶艺的创新部分主要体现在古曲曲境与茶艺程式相辅相成，共同展示历来中国文人崇尚与咏叹梅冰清玉洁、不畏严寒的高尚品格的思想内涵。

1. 茶品选择

茶品是金骏眉。金骏眉选用生长于武夷山自然保护区海拔 1 200 ～ 1 500 m 的高山桐木关茶树原料，精选谷雨时节的细嫩芽头。寒春料峭的时节，制茶就开始了，通过精采精揉，高温磨砺暗香来。成茶后的金骏眉，叶色金、黄、黑相间，润泽亮丽，茸毛浓密，浴汤后一叶俊俏如眉，香气自然馥郁，汤色晶莹剔透，口感温润顺滑。

2. 音乐选择

选用作者录制弹奏的中国古典名曲《梅花三弄》作为茶艺音乐背景。该曲出自清代《蕉庵琴谱》的张子谦先生演奏谱，琴曲节奏跌宕自由，风格苍劲豪迈。全曲共十段，描绘了梅花坚韧、挺拔、高洁的气质，以及严冬傍晚不为风雪所屈的音乐形象。

3. 茶与音乐的融合

茶艺创编程式与古琴曲十段互相联系、补充、扩展。

融合一：首段琴声起／行礼静坐。古琴散起声声如厚重大地，表现了寒冬腊月、霜晨雪夜的浓重气氛；此时，侍茶人静心稳坐，入茶境。

融合二：古琴乐曲二、四、六段／置茶、赏茶、闻香。乐曲泛音主调不同音区演奏三次，称"三弄"，描绘梅花冰清玉洁、清远可爱的形象，以为梅花冲破严寒冰霜的枷锁，以怒放的姿态一朵朵绽放的画面；行茶开始，金骏眉三次进入大家的视线，初绽仙姿，弯秀芽叶，幽香萦绕满室。

融合三：古琴乐曲七、八、九段／温润泡、高冲沸水、出汤分茶。乐曲这三段是全曲的高潮部分，音乐形象地表现出梅花同风雪严寒搏斗、不为所屈而依然亭亭玉立在风雪中的坚强性格；茶艺中通过高温沸水激发金骏眉的茶气，茶叶忍耐高温沸水的磨砺，甘甜、幽香，在乐曲的跌宕声中展示出金骏眉的凌风戛玉，喻示着中国人坚贞不屈的气概和不畏暴力的斗争精神，生动鲜明。

融合四：乐曲尾声／奉茶品饮。乐曲情绪焕然一新，勾画出了一个新的意境——冰雪消融，梅花绽放，沁人心脾，仿佛使人们置身于一片"雨晴花更艳，雪消梅更香"的诗情画意之中；以茶作梅，以梅喻人，此时再啜一口金骏眉，透着温暖的蜜甜，艺术感染力极强。

（二）演绎步骤与解说文本

1. 骏眉引月

"寒夜客来茶当酒，竹炉汤沸火初红。寻常一样窗前月，才有梅花便不同。"

2. 风卷云舒

我是一片树叶，盛满诗样的芳华来到你的面前，正山传人赋予了我一个灵雅的名字——金骏眉。我有梅的灵性。我生于武夷山桐木关峻岭之上，集山川之灵气，汇日月之精华。

3. 玉枝初展

每至谷雨时节，我都站在寒春冷雨中翘望着九曲武夷、峰岩峭径，等待着茶人精细的双手在曲折攀岩中把我精心采撷。

4. 孤芳自赏

近观，我条索紧秀、隽茂，金、黄、黑相间。一个个芽头鲜活灵秀，似伊人弯弯蛾眉，俊秀清婉。

5. 飞雪涤尘

"已是悬崖百丈冰，犹有花枝俏。"弯弯嫩芽在高温沸水的磨砺中，呈果的甘甜，花的幽香。

6. 斜影探窗

"遥知不是雪，唯有暗香来。"我有梅的雅韵，似花、似果，透着温暖的蜜香，圆柔而悠长。

7. 千枝凝香

寻梅，应是在那"万花纷谢一时稀"的隆冬，不为照暖春阳，只为一朵花开流芳，冰清玉洁。

8. 凌风戛玉

探茶，应是那武夷山中的一粒茗芽，巧揉慢捻焙深情，金骏眉中伴风雅，奉献出积攒一年的灵气。

9. 临岸弄影

汤色金黄，晶莹剔透。

10. 白玉融春

由来喜梅者，慕其高洁，爱其无争，静于寒月，香于崖间。自古爱茶人，好其精俭，以茶涤心，怡情养性，感悟本真。

11. 梅花三弄

"小桌呼朋三面坐，留将一面与梅花。"梅之高洁，茶之真味，且让我们慢慢斟酌！

《梅花三弄》茶艺步骤如图 4-20 所示。

一　骏眉引月（行礼）

二　风卷云舒（翻杯）

三　玉枝初展（置茶）

四　孤芳自赏（识茶）

五　飞雪涤尘（温杯）

六　斜影探窗（投茶）

137

第四章　武夷红茶茶席与茶艺

七　千枝凝香（闻香）　　　　　　　　八　凌风戛玉（高冲）

九　临岸弄影（倒水）　　　　　　　　十　白玉融春（分茶）

十一　梅花三弄（品茗）

图 4-20　《梅花三弄》茶艺步骤

二、茶艺《对饮成趣》

（一）创新思路

茶艺为两人主泡，分设两席（见图 4-21）。一人冲泡正山小种，一人冲泡广东英红九号。两位主人公是很好的朋友，一日，友人甲从广州来到武夷山探望友人乙，两人都是爱茶之人，分别以自己家乡的红茶馈赠对方，希望能够将自己的好茶分享给对方，通过泡茶、赠茶表达出两人之间深厚的情感。

（二）茶席设计

（1）茶品：正山小种、英红九号。

（2）茶具：白瓷盖碗组合两套。

（3）席布：米白色席布铺底，搭配淡红色桌旗。

（4）插花：木棉花、竹枝。

（5）音乐：琴箫合奏曲《绿野仙踪》。

图 4-21 茶艺《对饮成趣》

三、演绎步骤与解说词

1. 开场

友人甲：我从岭南广州的春天走来，携一朵盛开的木棉，赠予您。

（注：木棉是广州的市花，是广州最受人喜爱、最有代表性的鲜花。）

友人乙：我便用武夷桐木那万丈翠竹来迎接您。

（注：武夷山有竹乡之称，翠竹也预示着人性的高洁、茶性的高洁。）

友人甲：为您沏一壶香高味浓的广东名茶——英红九号，那是广东女子
的深情厚谊。

友人乙：已为您备好一道淡雅恬静的正山小种，愿淡淡松香和丝丝甘甜

常伴您。

友人甲：你我因茶而结缘。

友人乙：于武夷山水间……

甲乙合：对饮成趣。

（1）行礼入座。

（2）（温热壶盏）瀹茗先沐器，香韵凝瓯里。

（3）（鉴赏佳茗）观形闻香赏佳茗，从来佳茗似佳人。

友人甲：这是武夷山桐木的正山小种红茶，是世界红茶的鼻祖。

友人乙：这是广东名茶英红九号，以其高锐的香气和浓醇的滋味闻名
　　　　于世。

（4）佳茗入宫。

（5）高山流水瀹佳茗，细水长流闽粤情。

（6）仙子沐浴，姐妹戏水。

（7）玉液移壶，佳茗显韵。

（8）分杯敬客。

（9）鉴赏汤色，喜闻幽香。

友人甲：传统正山小种，汤色橙黄明亮，松烟香纯正。

友人乙：英红九号，汤色红艳明亮，花果香显著。

（10）品味真味，尽杯谢客。

友人甲：正山小种红茶，滋味醇厚，带有桂圆干香。

友人乙：英红九号，滋味浓醇鲜爽。

友人甲：木棉的柔美和翠竹的热忱点缀着这美好的春天，茶香和友情将
　　　　伴随着我们每一次的……

甲乙合：对饮成趣。

（11）起身行礼，礼毕结束。

第五章 武夷红茶的保健功效

英国 19 世纪初期伟大的浪漫主义诗人拜伦喝过红茶后，在他的长诗《唐璜》中写道："我觉得我的心儿变得那么富于同情，我一定要去求助于武夷的红茶。"英国政治家威廉·格莱斯顿也曾这样描述过红茶："当你冷的时候，茶会温暖你。当你热的时候，茶会沁凉你。当你沮丧的时候，茶会激励你。当你兴奋的时候，茶会镇静你。"武夷红茶是最早传入欧洲的茶叶，当时只有贵族才能喝到，它被认为是东方的神药。

神奇的武夷红茶来自享誉国内外的世界文化与自然双遗产地武夷山（正山小种发源地，如图 5-1 所示）。武夷山得天独厚的生态环境赋予武夷红茶丰富的内涵，饮之不仅使人着迷，而且有益身体健康。随着科学技术的不断发展，武夷红茶的保健功效也得到了进一步的研究，其最典型的功能成分茶黄素被称为茶叶中的"软黄金"，在降脂减肥、预防心血管疾病等方面效果显著。科学地品饮武夷红茶，在感受其独特风味的同时，让身体更加轻灵。

图 5-1　正山小种发源地

143

第一节　武夷红茶的功能成分

红茶属于全发酵茶，不仅含有丰富的营养成分，而且含有儿茶素、茶黄素和茶红素等重要的品质和功能成分，国内外大量的研究结果表明，红茶在抗氧化、抗突变、抗癌、抗炎、抗病毒、提高人体矿质元素吸收、增强骨质密度、预防心血管疾病及肠道疾病等方面具有独到效果。红茶最主要的功能性成分是其发酵过程中形成的茶多酚氧化产物。在红茶发酵过程中，茶鲜叶中约 80% 的儿茶素在茶多酚氧化酶和过氧化物酶催化下氧化聚合，生成有色的茶黄素类和茶红素类等氧化产物。

一、茶多酚

茶多酚是茶叶中多酚类物质的总称，是茶叶中主要的化学成分之一。它主要由儿茶素类化合物、黄酮类化合物、花青素和酚酸组成，儿茶素类化合物含量最高，约占茶多酚总量的 70%。在红茶的加工过程中，大部分茶多酚都氧化聚合生成了茶黄素类和茶红素类等氧化产物。对茶多酚的保健功效研究得最多，业已证明，茶多酚具有防止血管硬化、防止动脉粥样硬化、降血脂、消炎抑菌、防辐射、抗癌、抗突变等多种功效。

二、茶黄素类

茶黄素类是红茶中的主要成分，它最早是在 1957 年由罗伯茨（Roberts
E. A. H）发现的，是茶叶中多酚类物质氧化形成的一类能溶于乙酸乙酯、具
有苯并卓酚酮结构的化合物总称。茶黄素的结构式如图 5-2 所示。茶黄素的
含量一般占红茶干物质重的 0.3%～1.5%，对红茶的色、香、味及品质起着决
定性的作用，是红茶汤色亮的主要因素，其含量越高，汤色亮度越好，呈金
黄色；茶黄素具有辛辣和强烈收敛性，对红茶滋味有极为重要的作用，影响
着红茶茶汤的浓度、强度和鲜爽度，
尤其是强度和鲜爽度，同时还是形
成红茶茶汤"金圈"的主要物质。

近年来，关于茶黄素的生理活性
研究报道很多，如抗氧化作用、抗癌
作用、预防心血管疾病、预防慢性炎
症等疾病、预防肥胖及代谢综合征以
及防治神经退行性疾病等。

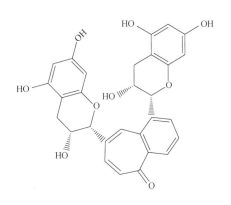

图 5-2　茶黄素结构式

三、茶红素类

茶红素类是红茶中含量最多的一类酚性色素物质，占红茶干物总量的
15%～20%，占红茶多酚类物质的 75% 左右。它具有较强的刺激性和收敛
性，但与茶黄素类相比，其刺激性和收敛性较弱。茶红素类与茶黄素类一样，
是影响红茶茶汤滋味浓度、强度和色泽的主体。参与红茶冷后浑的形成，还
能与碱性蛋白质结合参与红茶叶底色泽的构成，它是构成红茶"红汤红叶"
的重要物质基础。

茶红素类由于其结构的复杂性和分离制备的难度，在一定程度上限制了
其药理学活性的研究。茶红素结构中仍存在活性酚羟基和苯并卓酚酮结构，
因而仍能发挥一定的生物活性。研究表明，茶红素同样具有多种保健功能，

如抗癌、抗氧化、抑菌及消炎作用。综合目前大量的研究结果，虽然茶红素也具有一定的生理功能，但红茶中发挥多种生理功能的主要功效成分依然是茶黄素。

四、茶褐素类

茶褐素类是一类具有酚类物质特性的褐色高聚物，主要组成物质有多酚类物质及多酚类与咖啡碱（咖啡因）、蛋白质、糖类、氨基酸等氧化聚合的产物。在红茶中，茶褐素含量一般占干物质总量的 4% ～ 9%，是红茶茶汤暗的主要因素，并随红茶品质下降而增加，与红茶品质呈负相关。茶褐素因结构中含有羟基、羧基等，具有很强的清除自由基、抗氧化、降脂减肥、抗肿瘤、提高免疫力等功效，因而被广泛应用于医疗保健等领域。

五、黄酮及其糖苷

黄酮类是广泛存在于自然界的一类黄色色素。其基本结构是 2- 苯基色原酮。黄酮结构中的 C_3 位易羟基化，形成一个非酚性羟基，与其他位置的酚性羟基不同，形成黄酮醇。茶叶中的黄酮醇多与糖结合形成黄酮苷类物质，由于其结合的糖不同、连接的位置不同，因而形成不同的黄酮醇苷，其中含量较多的有芸香苷、槲皮苷、山奈苷，其含量春茶高于夏茶。茶叶中的黄酮醇及其苷类的含量占干物质的 3% ～ 4%。研究表明，红茶由于经过发酵，黄酮醇类含量相对较低，而绿茶中黄酮醇类含量则相对较高。

经过发酵后的红茶，儿茶素等多酚类起抗氧化作用的主要物质大部分转化为其他化合物，但目前仍有大量研究表明，红茶的抗氧化活性非常高。除茶黄素外，黄酮及其糖苷类物质也是红茶抗氧化作用的主要物质，如山奈酚、槲皮素、杨梅素、芦丁等。除抗氧化功能外，这些类黄酮还被证实在改善高血压、缓解人体心血管疾病、降低中风的风险等方面具有明显的功效。

六、茶多糖

茶鲜叶中的糖类物质包括单糖、双糖、寡糖、多糖及少量其他糖类衍生物。单糖和双糖是构成茶叶可溶性糖的主要成分。茶叶中的多糖类物质主要包括纤维素、半纤维素、淀粉和果胶等。

茶叶中具有生物活性的复合多糖，一般被称为茶多糖，是一类与蛋白质结合在一起的酸性多糖或酸性糖蛋白。由于茶树品种、加工工艺等的不同，红茶中茶多糖的组成和相对分子质量与绿茶和乌龙茶等其他茶类有明显的不同。研究发现，在红茶发酵过程中，茶叶中的多糖类物质的相对分子质量从 $9.2 \sim 251.5$ kDa（1 kDa 即 1 kg/mol）下降到了 $3.8 \sim 32.7$ kDa，红茶多糖在对 α－葡萄糖苷酶的抑制作用、羟基自由基及 1，1-二苯基-2-三硝基苯肼（DPPH 自由基）清除能力方面明显强于绿茶多糖及乌龙茶多糖。

七、咖啡碱（咖啡因）

茶叶中主要含有咖啡碱（咖啡因）、可可碱和茶叶碱 3 种嘌呤碱。咖啡碱（咖啡因）在茶叶中的含量一般为 2% ～ 4%，对茶叶滋味的形成有重要作用。茶汤中咖啡碱（咖啡因）过多，则有辛苦味。红茶汤中出现的冷后浑就是咖啡碱（咖啡因）与茶叶中的多酚类物质生成的大分子络合物，是衡量红茶品质优劣的指标之一。咖啡碱（咖啡因）具有兴奋中枢神经系统、助消化、利尿、强心解痉、松弛平滑肌等生理作用。最近的研究表明，在减肥和抑制肾癌细胞的实验中，咖啡碱（咖啡因）与儿茶素有协同作用。

八、茶氨酸

茶氨酸是茶叶中特有的游离氨基酸，占干茶质量的 0.5% ～ 3%，占茶叶游离氨基酸总量的 50% 以上，是茶叶中最主要的氨基酸。茶氨酸易溶于水，具有甜味和鲜爽味。研究表明，茶氨酸能促进神经生长和提高大脑功能，从而增进记忆力和学习能力，并对帕金森病、阿尔茨海默病及传导神经功能紊乱等疾病有预防作用。

第二节　武夷红茶的保健功能

现代医学表明，红茶的保健功能与其功能性成分含量密切相关。无论是流行病学研究还是动物实验，其结果均表明红茶及其有效成分对心血管疾病、癌症、肥胖及代谢综合征、神经退行性疾病等多种疾病有很好的防治作用。

一、预防心血管疾病

世界卫生组织报道，2016年，约1 790万人死于心血管疾病，占全球死亡总数的31%。目前，心血管疾病最常见的病症表现形式有心脏病发作和中风。在我国人群中，心血管疾病死因占比更是高达45%。其中，85%死于心脏病发作和中风。健康饮食、经常锻炼身体和不使用烟草制品是预防心血管疾病的关键。现今已有大量的研究表明，饮茶对预防和减少心血管疾病的发生有很好的功效。

茶叶中的有效成分，如茶多酚、茶色素（茶黄素、茶红素、茶褐素）等，对心血管健康具有积极的保护作用。其中，茶多酚能够抑制自由基的产生，直接清除自由基和激活人体清除自由基体系，调节脂质过氧化水平，发挥抗氧化作用，从而预防心血管疾病的发生。茶色素能够抑制低密度脂蛋白氧化修饰和血管细胞黏附，降低血浆内皮素水平，增加谷胱甘肽过氧化物酶活性，具有良好的抗血凝、促纤维蛋白原溶解作用，能够抑制主动脉及冠状动脉内壁粥样斑块的形成。

　　饮用红茶能够显著改变粥样硬化的动脉中低密度脂蛋白/高密度脂蛋白（LDL/HDL）含量，从而降低心血管疾病发生的概率。其中，作为红茶最重要的功能性成分，茶黄素在抗心血管疾病中的作用更为显著。研究表明，茶黄素能够通过抑制线粒体通透性转换孔的打开而在心脏局部缺血后恢复其功能，能够通过减少活性氧和炎性细胞因子的产生，减轻载脂蛋白E基因敲除小鼠的动脉粥样硬化。心肌梗死是冠状动脉粥样硬化引发的最常见心血管疾病之一。美国哈佛医学院（Sesso et al.，1999）报道了饮用红茶、咖啡和脱咖啡因咖啡与心肌梗死发生率的关系的研究。研究结果表明，仅饮茶能够降低患心肌梗死的危险，较不饮茶人群（危险度为1）而言，平均饮茶量在1杯/天甚至以上的人群心肌梗死发生危险度降至0.56。

　　每天喝3杯及以上红茶人群的冠心病发病率显著低于不喝茶的人群。饮用红茶1小时后，心脏血管的血流速度改善，可防心肌梗死。红茶中含有的钾有增强心脏血液循环的作用，并能减少钙在体内的消耗。每天饮用1～6杯红茶可改善人体的抗氧化状态。武夷红茶茶汤如图5-3所示。

图5-3　武夷红茶茶汤

二、预防癌症

癌症，也被称为恶性肿瘤，是对人类最具威胁性和死亡率最高的一种疾病。癌细胞最大的一个特点就是生长信号多，而且对抑制信号不敏感。所以癌细胞长得快，不停地长。这些细胞超越其通常边界生长，并可侵袭身体的毗邻部位和扩散到其他器官，这一过程被称为转移。转移是癌症致死的主要原因。从一个正常细胞转变为一个肿瘤细胞要经过许多阶段，通常从癌前病变发展为恶性肿瘤。这些变化是一个人的基因因素和三种外部因子相互作用的结果，这三种外部因子主要是物理致癌物、化学致癌物和生物致癌物。

关于化学致癌过程有许多假说，现在比较公认的是三阶段致癌学说，即启动、促进和进展（见图 5-4）。一般认为：在启动阶段，致癌物在体内经代谢活化形成亲电性的终致癌物，与细胞核 DNA 结合，并引起 DNA 损伤而导致细胞突变；在促进阶段，细胞分裂时 DNA 损伤传给子代得以固定，这一阶段是启动细胞克隆后连续增殖的过程；在进展阶段，进一步发展至癌前病变和癌变。在这个传导的过程中，只要阻断一个环节就可抑制肿瘤产生。

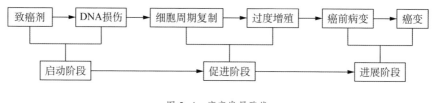

图 5-4　癌变发展路线

茶叶中的多酚类被认为是茶叶保健功能最重要的作用物质。红茶中的茶多酚主要以二聚体茶黄素和多聚体茶红素的形式存在，分别占红茶浸出物干重的 2% ～ 6% 和 20% 以上，红茶中的茶多酚单体仅占浸出物干重的 3% ～ 10%。茶多酚预防癌症的机制可分为两种：①儿茶素的氧化还原作用；②表没食子儿茶素没食子酸酯（EGCG）与靶蛋白的结合，导致代谢或信号转导通路的抑制作用。近年来，有研究发现红茶中的多酚类衍生物茶黄素也具有抗氧化活性，甚至优于儿茶素。

茶黄素抗肿瘤的主要机理是通过阻断细胞信号传导抑制肿瘤细胞转移和通过清除自由基抑制细胞的突变。研究表明，茶黄素类可能通过抑制细胞色素 P450 酶的作用，而将肿瘤遏制在起始阶段；茶黄素类还可以促进各种细胞的凋亡，抑制癌细胞的增殖和扩散，如抑制胃癌细胞的生长并诱导凋亡。茶色素（茶黄素、茶红素、茶褐素）还是一种安全有效的免疫调节剂，可调节血液透析病人血清白细胞介素 8（IL-8）接近正常水平。而且，茶色素对放化疗后白细胞下降的恶性肿瘤患者有显著的保护作用。

三、降脂减肥

代谢综合征是指人体的蛋白质、脂肪、碳水化合物等物质发生代谢紊乱的病理状态，是一组复杂的代谢紊乱症候群。肥胖、血脂异常、高血压、高血糖和动脉硬化等是最为常见的临床症状。肥胖症是指一定程度的明显超重与脂肪层过厚，是体内脂肪组织，尤其是甘油三酯（TG）积聚过多而导致的一种状态。高脂血症是以血清中总胆固醇（TC）、低密度脂蛋白胆固醇（LDL-C）与甘油三酯过高或伴有高密度脂蛋白胆固醇（HDL-C）水平过低为特征的一种疾病，同时是引起动脉粥样硬化进而导致冠心病、高血压和脑血管疾病的主要原因。

茶叶功能成分茶多酚、儿茶素、茶黄素和咖啡碱（咖啡因）均有降脂减肥的作用。其中，茶多酚与儿茶素可调节脂类代谢，降低血液中的 TG、TC、LDL-C，还能降低其他器官及组织如肝脏、肾脏等的脂质含量，从而抑制肥胖及高脂血症的发生和发展，降低动脉粥样硬化、冠心病等各种心脑血管疾病的发生率和死亡率。茶多酚与儿茶素的降脂减肥机制主要有四个方面：一是抑制脂肪合成相关酶的活性；二是促进脂肪的氧化，增加消耗；三是抑制食欲；四是抑制营养物质的吸收。

红茶中富含茶黄素、茶红素等儿茶素氧化产物，可有效改善代谢性综合征的临床表现。早在 20 世纪 90 年代，国外就有研究表明，红茶的茶黄素有很好的降血脂效果，而且对高密度脂蛋白有提升的效果，能降低总甘油三酯、总胆固醇。浙江医科大学楼福庆教授早在20世纪80年代也有相关的研究，茶色素能显著降低高脂动物血清中甘油三酯、低密度脂蛋白，提高血清中高密度脂蛋白。

红茶中茶多酚及其氧化产物茶黄素类物质能够抗肥胖的主要机理在于它能降低脂肪酸合成酶活性，同时提高 AMP 活化的蛋白激酶活性。有研究人员（Yuda et al.）从制造红茶的废料中用热水提取出富含茶黄素的多酚类提取物，并发现它能显著地抑制胰脂肪酶的活性。研究（Imran et al.）表明，以茶黄素和茶红素为基础的饮食干预可有效改善高脂血症和高血糖症。红茶多酚提取物中的茶黄素 -3′- 没食子酸酯，可通过抑制胰脂肪酶活性减少甘油三酯的吸收，从而降低餐后高血脂的产生。有学者（Uchiyama et al.）采用体内和体外实验方法研究了红茶提取物对饮食诱导的肥胖的抑制效果。体外实验表明，红茶提取物对胰脂肪酶具有显著抑制效果，其半抑制浓度（IC_{50}）为 15.5 mg/mL；体内实验表明，红茶提取物可有效抑制血清中甘油三酯的增加且与红茶提取物剂量呈正相关，5% 的红茶提取物可有效降低小鼠体重、脂肪组织和肝脏脂肪含量。

四、预防神经退行性疾病

神经退行性疾病主要包括帕金森综合征（PD）和阿尔茨海默病（AD）两大类。研究发现，茶黄素及 EGCG 能够有效地抑制神经退行性疾病的发生；红茶提取物中的茶黄素能有效抑制神经性炎症和脑黑质的多巴胺能的神经细胞衰亡。

红茶提取物对于脂质膜具有很强的保护作用，可能通过该途径对大脑神经细胞起保护作用；红茶茶黄素对 β 淀粉样蛋白的产生引起氧化损伤而导致的阿尔茨海默病可能具有一定的调控作用。有人对红茶提取物保护海马细胞免受 β 淀粉样蛋白诱导毒性毒害的能力进行了研究，表明红茶能够减弱 β

淀粉样蛋白的毒性，从而减缓 AD 的发生。流行病学调查也表明，红茶对 AD 有一定的预防作用。例如，2009 年在挪威进行了饮茶对认知能力影响的实验，研究对象为 2 031 位年龄在 70～74 岁的老年人，女性比例为 55%。结果显示，喝茶（红茶）者相比不喝茶者，认知能力的测定得分显著提高（Nurk et al., 2009）。

五、预防肠胃疾病

红茶甘温，可养人体阳气。红茶中含有丰富的蛋白质和糖，可生热暖腹，增强人体的抗寒能力，还可助消化、去油腻。红茶经过发酵，茶多酚在氧化酶的作用下发生酶促氧化反应，含量减少，对胃部的刺激性也随之减小；另外，这些茶多酚的氧化产物（茶色素）还能够促进人体消化。

人体肠道栖居着大量微生物，它们在肠道中形成了一个极其复杂的生态系统，越来越多的研究表明，肠道微生物与人体健康密切相关。人体肠道菌群失调或紊乱会导致各种疾病，如糖尿病、高血压、心脑血管疾病、代谢综合征、肠胃炎症、抑郁症，甚至自身免疫性疾病等。红茶茶色素对肠道细菌具有杀灭或抑制作用，从而增强肠道免疫功能，改善人体（特别是中老年人）肠道微生物结构，维持生理平衡。据研究（Toda et al., 1991），红茶提取物对霍乱弧菌 V569B 和 V86 在 1 h 内均可杀灭，特别是 V569B，几乎在接触后立刻被杀灭。而且，红茶提取物在体外和体内实验中还能破坏霍乱毒素的作用。在体内实验中，红茶抽提物在霍乱毒素（CT）处理后 5～30 min 内均能抑制毒素作用，而在 30 min 后则无此效果。

综上所述，经过大量的动物实验、流行病学调查，部分临床试验已表明红茶及其提取物具有很好的保健功效。但是，由于试验剂量、个体差异等因素，具体到个人的日常饮用中，还需要长期科学地合理饮茶，才能更好地利用红茶的功效成分为健康保驾护航。

第三节　武夷红茶的科学饮用

如上节所述，武夷红茶有多方面的保健功效。然而，茶有药性，可纠人体阴阳偏颇，故也有宜有忌。饮用不当，也会对健康造成一定程度的损害。如清代张璐认为："嗜茶成癖者，久而伤精，血不华，色黄瘁，痿弱，呕逆。"因此，饮茶也需要掌握一些基本的原则和相关常识。

一、因人而异

中医认为，体质是个体在先天遗传和后天获得的基础上，表现出的形态结构、生理机能及心理状态等方面相对稳定的特质。体质不同，饮茶后的感受和生理反应也不同，有的人饮茶会兴奋而夜不能寐，有的人却不受影响；有的人饮绿茶会发生腹泻，有的人反而便秘；有的人喝茶后神清气爽，有的人却头晕不适……《本草纲目》中记载："若虚寒及血弱之人，饮之既久，则脾胃恶寒，元气暗损，土不制水，精血潜虚；成痰饮，成痞胀，成痿痹，成黄瘦，成呕逆，成洞泻，成腹痛，成疝瘕，种种内伤，此茶之害也。"这说明体质虚寒的人长时间饮寒性茶叶，会损害健康。因此，合理饮茶需要考虑个体的差异，根据体质状态选用不同类型的茶叶。

《中医体质分类与判定》(ZYYXH/T157—2009)将人体体质划分为9种基本类型，若以寒热为纲进行概括，可分为寒性、热性和平性3类，便于大众理解掌握。判断茶叶是否适合自己，可以从饮茶后是否出现不适症状进行判断，如果出现肠胃不适、腹痛、泄泻、失眠、恶心、乏力等症状，则表明不适合饮茶。一般来说，燥热体质的人（容易上火、体壮身热），宜喝凉性茶，如绿茶、白茶等；虚寒体质者（脘腹虚寒、喜热怕冷），宜喝温性茶，如红茶、黑茶等。年老者脾胃功能趋于退化，不宜多饮凉性的绿茶，可选红茶、黑茶、黄茶、青茶等。孕妇、儿童等特殊人群不宜饮茶或应少饮。茶类品性如表5-1所示。辨体质喝茶如表5-2所示。

表5-1　茶类品性

凉性			中性			温性		
绿茶	黄茶	白茶	普洱生茶（新）	轻发酵乌龙茶	中发酵乌龙茶	重发酵乌龙茶	红茶	黑茶

表5-2　辨体质喝茶

体质类型	体质特征和常见表现	喝茶建议
平和质	面色红润，精力充沛，健康体质	各种茶类均可饮
气虚质	易感冒，气不够用，声音低，易累	多饮普洱熟茶、乌龙茶、富含氨基酸茶、低咖啡碱（咖啡因）茶
阳虚质	阳气不足，畏冷，手足发凉，易大便稀溏	多饮红茶、黑茶、重发酵乌龙茶，少饮寒性茶
阴虚质	内热，易口燥咽干，手脚心发热，眼睛干涩，大便干结	多饮绿茶、黄茶、白茶、轻发酵乌龙茶，慎饮红茶、黑茶、重发酵乌龙茶
血瘀质	面色偏暗，牙龈易出血，易现瘀斑，眼睛红丝	多饮各类茶，可适当浓些
痰湿质	体形肥胖，腹部肥满松软，易出汗，面油，嗓子有痰，舌苔较厚	多喝各类茶
湿热质	湿热内蕴，面泛油光，脸上易生粉刺，皮肤易瘙痒，常感到口苦、口臭	多饮绿茶、黄茶、白茶、轻发酵乌龙茶，慎饮红茶、黑茶、重发酵乌龙茶
气郁质	体形偏瘦，多愁善感，情感脆弱，烦闷不乐，常感到乳房及两肋部胀痛	多饮富含氨基酸茶、低咖啡碱（咖啡因）茶、香气好的茶、花茶
特禀质	特异性体质，过敏体质，常鼻塞、打喷嚏，易患哮喘，对药物、花粉等易过敏	可饮低咖啡碱（咖啡因）茶，不饮浓茶

武夷红茶是全发酵茶，属于温性茶，口感醇和，一般体质的人群皆可饮用，尤其适合女性朋友们。若是燥热体质的，建议饮用经过存放的隔年红茶。从饮用时间来看，无论采用的是传统工艺还是新工艺，刚做出来的红茶还是有些火气的，放一放再喝最为合适。武夷红茶包括传统的正山小种、小种、烟小种和奇红（以金骏眉为代表的系列新工艺红茶），虽然都是红茶，但从工艺及内含成分看，仍然有些区别。传统的正山小种采摘原料相对成熟，发酵程度较重，成品茶汤色橙红明亮、滋味醇厚、桂圆干香明显。奇红采摘的原料较嫩，如金骏眉只采芽头，发酵程度较轻，成品茶汤色橙黄明亮、滋味甜醇鲜爽、香气以花蜜香为主。消费者可根据自己的喜好进行选择。

二、合理的饮茶用量

喝茶并不是多多益善，而必须适量。饮茶过度，特别是过量饮浓茶，对健康非常不利。茶叶中的生物碱会使中枢神经过于兴奋，使心跳加速，增加心、肾负担，还会影响晚上睡眠；过高浓度的咖啡碱（咖啡因）和多酚类物质对肠胃产生强烈的刺激，会抑制胃液分泌，影响消化功能。

根据人体对茶叶中药效成分和营养成分的合理需求，并考虑人体对水分的需求，成年人每天饮茶的量以每天泡饮干茶 5 ～ 15 g 为宜。泡茶的用水总量可控制在 400 ～ 1 500 mL。运动量大、消耗多、进食量大或是以肉食类为主食的人，每天饮茶可多些；而那些身体虚弱或患有神经衰弱、心动过速等疾病的人，一般应少饮甚至不饮茶。至于用茶来治疗某种疾病的，则应根据医生建议合理饮茶。

三、合理的饮茶温度

一般情况下，饮茶提倡热饮或温饮，避免烫饮和冷饮。有研究表明，长期的高温刺激是诱发食管癌的一种因素。人们饮茶时，如果温度过高，会对口腔、食管黏膜造成一定程度的灼伤，灼伤的食管黏膜表层会及时脱落、更新，反复的热损伤会使细胞增生的速率加快而发生变异，进而可能导致细胞癌变。所以，饮茶温度过高是极其有害的，在日常生活中要尽量避免饮用过烫的茶水。对于冷饮，就要视具体情况而定了。老年人及脾胃虚寒者，应当忌饮冷茶，因为茶叶本身性偏寒，加上冷饮，其寒性得以加强，这对脾胃虚寒者会产生聚痰、伤脾胃等不良影响，对口腔、咽喉、肠道等也会有副作用。阳气旺盛、脾胃强健的年轻人，在夏天为了消暑降温，适当饮凉茶也是可以的。

四、合理的饮茶时间

一般来说，空腹不宜饮茶，咖啡碱（咖啡因）对于胃肠道会有一定的刺激作用，提高胃液分泌量，使得机体容易饿。空腹饮茶过多会冲淡胃酸、影响消化，引起心慌、头晕、胃痛、眼花等一系列症状，通常被称为"茶醉"。临睡前也不宜饮茶，以免茶叶中的咖啡碱（咖啡因）使人兴奋，同时摄入过多水分引起夜间多尿，从而影响睡眠。

何时饮茶也不可一概而论，而应根据自身情况视需要而定。例如，以解渴为目的的饮茶，渴了就喝，不必刻意。若进食肥甘厚腻，饭后马上饮茶可以促进脂肪代谢、消除胀饱不适等。嗜烟者，若能在抽烟的时候喝点茶，就可减轻尼古丁对人体的伤害。清早起床洗漱后喝一杯淡茶，可以帮助洗涤肠胃，对健康也是很有好处的，当然这也得适合个人的体质。另外，武夷红茶最好现泡现饮，因为茶叶中的多酚类、多糖类及芳香化合物等放置后会发生氧化，导致茶色发暗，茶味苦涩，茶香减少。

五、特殊人群和特殊时期的饮茶

神经衰弱者临睡前不要饮茶。茶叶中的咖啡碱（咖啡因）具有兴奋中枢神经的作用，晚上或临睡前饮茶，对神经衰弱患者来说无疑是雪上加霜。

脾胃虚寒者不要饮浓茶，尤其是绿茶。这是因为绿茶性偏寒，对脾胃虚寒者不利。浓茶中茶多酚、咖啡碱（咖啡因）的含量都较高，对肠胃的刺激较强，这也是脾胃虚寒者要避免的。脾胃虚寒者可以喝些性温的茶类，如红茶、普洱熟茶等。

对于患有肥胖症的人来说，饮用各种茶对身体都是有利的。这是因为茶叶中的茶多酚、咖啡碱（咖啡因）等化合物，能促进脂肪氧化，去除人体内多余的脂肪。饮茶的浓度也可适量大些。

处于"三期"（经期、孕期、哺乳期）的妇女最好少饮茶，或只饮淡茶、脱咖啡碱（咖啡因）茶等。茶叶中含有的咖啡碱（咖啡因）对神经和心血管都有一定的刺激作用，这对处于"三期"的妇女本人身体的恢复不利。同时，咖啡碱（咖啡因）会使心率加快，加重器官负担，也不利于胎儿的发育；咖啡碱（咖啡因）也可能通过乳汁进入婴儿体内，影响婴儿睡眠和机体功能，引起少眠和多啼哭。另外，处于"三期"的妇女身体对铁的需求量较大，此时若没有及时增加膳食中铁的供给，过多饮茶可能会加重贫血的症状。

儿童以防龋齿为目的，可适当饮茶，但不要饮浓茶，晚上也不要饮茶。饭后提倡用茶水漱口，对清洁口腔和预防龋齿有很好的效果。用于漱口的茶水可以浓一些。

总之，饮茶当适量，不可过多或过浓；茶以温饮为佳。以上科学饮茶的基本原则同样适用于武夷红茶的饮用。科学地品饮武夷红茶，方可最大限度地获取功效成分，发挥最大的保健作用。

参考文献

［1］ 陈宗懋，杨亚军.中国茶经［M］.上海：上海文化出版社，2012.

［2］ 陈宗懋，甑永苏.茶叶的保健功能［M］.北京：科学出版社，2017.

［3］ 陈宗懋.饮茶与人体神经退行性疾病［J］.中国茶叶，2019，41（7）：8—11+42.

［4］ 付亚轩，孟宪钰，杨洋，等.茶黄素抗肿瘤机制研究进展［J］.云南中医中药杂志，2018，39（4）：87—91.

［5］ 福建省崇安县星村茶叶站.小种红茶初制工艺调查［J］.中国茶叶，1973（3）：12—13.

［6］ 福建省质量技术监督局.地理标志产品：武夷红茶：DB35/T1228—2015［S］.2015.

［7］ 郭雯飞，吕毅，江元勋.正山小种和烟正山小种红茶的香气组成［J］.中国茶叶加工，2005（4）：18—22.

［8］ 国家质量监督检验检疫总局，国家标准化管理委员会.茶叶感官审评方法：GB/T23776—2018［S］.北京：中国标准出版社，2018.

［9］ 侯冬岩，回瑞华，李铁纯，等.正山小种红茶骏眉系列的香气成分研究［J］.食品科学，2011，32（22）：285—287.

［10］ 侯爱香，颜道民，孙静文，等.绿茶、红茶和茯砖茶水提物对肠道微生物体外发酵特性的影响［J］.茶叶科学，2019，39（4）：403—414.

［11］ 江元勋.正山小种红茶精加工工艺和审评［J］.中国茶叶加工，2002（3）：33—34.

［12］ 贾红文.论正山小种红茶的魅力［J］.农业考古，2011（2）：317—

320，325.

［13］廖建生，江元勋，叶兴渭.正山小种红茶采制技术与审评要领［J］.中国茶叶加工，2003（1）：19—20.

［14］刘德荣，叶常春.正山小种红茶"金骏眉"的制造技术［J］.中国茶叶加工，2010（1）：28—29.

［15］李大祥，王华，白蕊，等.茶红素化学及生物学活性研究进展［J］.茶叶科学，2013，33（4）：327—335.

［16］李勤，黄建安，傅冬和，等.茶叶减肥及对人体代谢综合征的预防功效［J］.中国茶叶，2019，41（5）：7—13.

［17］卢莉，程曦，曾晶晶，等.武夷名丛的红茶适制性研究［J］.热带作物学报，2019，40（11）：2246—2254.

［18］卢莉，程曦，叶国盛，等.4种乌龙茶树鲜叶适制绿茶、黄茶、白茶、红茶可行性研究［J］.食品工业科技，2020，41（2）：33—38.

［19］刘斌.武夷茶的部分历史考证.未刊稿.

［20］施兆鹏.茶叶审评与检验［M］.北京：中国农业出版社，2018.

［21］施江，张盛，陈爱陶，等.茶叶预防心血管疾病的功效及机理［J］.中国茶叶，2019，41（6）：6—11.

［22］屠幼英.茶与健康［M］.西安：世界图书出版西安有限公司，2015.

［23］吴锡端，杨芳.祁门红茶——茶中贵族的百年传奇［M］.武汉：武汉大学出版社，2015.

［24］宛晓春.茶叶生物化学［M］.3版.北京：中国农业出版社，2016.

［25］王岳飞，徐平.茶文化与健康［M］.2版.北京：旅游教育出版社，2017.

［26］王镇恒.中国红茶的历史与加工制造［J］.上海茶叶，2012（1）：14—17.

［27］魏然，王岳飞.饮茶健康之道［M］.北京：中国农业出版社，2018.

［28］ 夏涛.制茶学［M］.3 版.北京：中国农业出版社，2018.

［29］ 肖红梅，王少康，孙桂菊.饮茶和食管癌关系的研究进展［J］.食品科学，2016，37（23）：280—284.

［30］ 朱永兴，Herve Huang，等.茶与健康［M］.北京：中国农业科学技术出版社，2004.

［31］ 邹新球.武夷正山小种红茶［M］.北京：中国农业出版社，2011.

［32］ 邹新球.关于正山小种红茶名称的演变及其历史背景［J］.福建茶叶，2007（3）：46—47.

［33］ 周降生，吴远双，吕世懂，等.茶黄素药理作用及其作用机制研究进展［J］.食品工业科技，2014，35（18）：373—377.

［34］ Imran A, Butt M S, Arshad M S, et al. Exploring the potential of black tea based flavonoids against hyperlipidemia related disorders [J]. *Lipids in Health and Disease*, 2018, 17(1): 57.

［35］ Nurk E, Refsum H, Drevon C A, et al. Intake of flavonoid-rich wine tea, and chocolate by elderly men and women is associated with better cognitive test performance [J]. *Journal of Nutrition*, 2009, 139(1): 120–127.

［36］ Sesso H D, Gaziano J M, Buring J E, et al. Coffee and tea intake and the risk of myocardial infarction [J]. *American Journal of Epidemiology*, 1999, 149(2): 162–167.

［37］ Toda M, Okubo S, Lkigal H, et al. The protective activity of tea against infection by *Vibrio cholerae* O1. *Journal of Applied Bacteriology*, 1991, 70（2）：109–112.

［38］ Uchiyama S, Taniguchi Y, Saka A, et al. Prevention of diet-induced obesity by dietary black tea polyphenols extract in vitro and in vivo [J]. *Nutrition*, 2011, 27(3): 287–292.

［39］ Yuda N, Tanaka M, Suzuki M, et al. Polyphenols extracted from black tea (Camellia sinensis) residue by hot-compressed water and their inhibitory effect on pancreatic lipase in vitro. *Journal of Food Science*, 2012, 77(10-12): H253−H260.

后 记

武夷山是红茶的发源地，随着武夷红茶风靡世界，红茶更是成为世界第一大茶类。尤其是近年来，有不少武夷红茶爱好者从海内外远道而来，寻茶访茶，一探究竟。为了能给广大爱好者提供科学的学习参考，武夷学院中国乌龙茶产业协同创新中心中国乌龙茶"一带一路"文化构建与传播研究课题组借此机会，梳理了武夷红茶及其品质特征、武夷红茶的制作工艺、武夷红茶的品鉴、武夷红茶茶艺与茶席、武夷红茶的保健功效等方面的内容。又通过展示武夷红茶核心产区生态环境、传统及现代武夷红茶加工工艺、不同等级的武夷红茶实物样品、武夷红茶茶艺及茶席等图片，让广大读者能更加直观地认识武夷红茶。

本书由武夷学院茶与食品学院张渤院长策划主编，卢莉共同主编，洪永聪、程曦、郑慕蓉、叶国盛、林燕萍、王芳、潘一斌共同编写完成。本书第一章由卢莉、叶国盛、王芳编写，第二章由张渤、卢莉、程曦编写，第三章由郑慕蓉、程曦、林燕萍、张渤编写，第四章由张渤、郑慕蓉编写，第五章由程曦、潘一斌、洪永聪编写，全书由张渤、卢莉和程曦负责统稿。本书付梓前，蒙福建农林大学叶乃兴教授拨冗审稿并提出许多宝贵意见。感谢武夷山市骏德茶业梁天雄总经理、福建正山堂茶业有限责任公司余崇兴副总经理，百忙之中抽空与《武夷红茶》编委会共同商讨武夷红茶分类及定义。武夷山市骏德茶厂为本书提供大量图片，梁添梦厂长、傅娟、杜海生为本书编写提供大力帮助，在此诚挚致谢！武夷山市御上茗茶叶研究所为本书提供封面配图，素业茶苑、武夷山市丹苑名茶有限公司、武夷山市桐木茶厂为本书提供部分图片，武夷山市溪南茶业有限公司阮克荣、武夷星茶业有限公司曹士先

武夷红茶

为本书拍摄并加工处理部分图片，在此一并致谢！

由于时间所限，而且研究还有待深入，本书存在许多不尽如人意之处，有待今后不断提升和完善，不足之处敬请读者批评指正。

164

编者

图书在版编目(CIP)数据

武夷红茶/张渤,卢莉主编. —上海:复旦大学出版社,2020.8(2021.4 重印)
(武夷研茶)
ISBN 978-7-309-15065-0

Ⅰ.①武…　Ⅱ.①张…　②卢…　Ⅲ.①武夷山-红茶　Ⅳ.①TS272.5

中国版本图书馆 CIP 数据核字(2020)第 089183 号

武夷红茶

张　渤　卢　莉　主编
责任编辑/方毅超
装帧设计/杨雪婷

复旦大学出版社有限公司出版发行
上海市国权路 579 号　邮编:200433
网址:fupnet@fudanpress.com　http://www.fudanpress.com
门市零售:86-21-65102580　团体订购:86-21-65104505
出版部电话:86-21-65642845
江阴金马印刷有限公司

开本 787×1092　1/16　印张 11　字数 148 千
2021 年 4 月第 1 版第 2 次印刷

ISBN 978-7-309-15065-0/T·673
定价:68.00 元